Klaus-J. Fink

TopSelling

Die vier Erfolgsfaktoren für mehr Umsatz und Gewinn

Bibliografische Informationen der Deutschen Nationalbibliothek
Die Deutsche Nationalbibliothek verzeichnet diese Publikation
der Deutschen Nationalbiografie – detaillierte bibliografische Daten
über www.d-nb.de im Internet abrufbar.

Alle Informationen in diesem Buch basieren auf den Erkenntnissen
sowie der Gesetzeslage zum Zeitpunkt der Drucklegung und wurden
mit der größtmöglichen Sorgfalt zusammengestellt. Eine Haftung von
Verlag und Autor für Personen-, Sach- oder Vermögensschäden aus
der Anwendung der hier erteilten Ratschläge ist ausgeschlossen.

Die Wiedergabe von Gebrauchsnamen, Handelsnamen, Warenbezeich-
nungen usw. in diesem Buch berechtigt auch ohne besondere Kenn-
zeichnung nicht zu der Annahme, dass solche Namen im Sinne der
Warenzeichen- und Markenschutz-Gesetzgebung als frei zu betrachten
wären und daher von jedermann benutzt werden dürften.

ISBN 978-3-86936-660-9

Programmleitung: Ute Flockenhaus, GABAL Verlag
Lektorat: Susanne von Ahn, Hasloh
Umschlaggestaltung: Martin Zech Design, Bremen |
www.martinzech.de
Umschlagfoto: werdewelt GmbH, Mittenaar-Bicken
Satz und Layout: Das Herstellungsbüro, Hamburg |
www.buch-herstellungsbuero.de
Druck und Bindung: Salzland Druck, Staßfurt
© 2015 GABAL Verlag, Offenbach

www.gabal-verlag.de

»Es gibt zwei Möglichkeiten, Karriere zu machen:
Entweder leistet man wirklich etwas, oder man behauptet,
etwas zu leisten. Ich rate zur ersten Methode, denn hier ist die
Konkurrenz bei Weitem nicht so groß.«
Danny Kaye

Inhaltsverzeichnis

Erfolgsfaktor Nummer 4: Verkäuferische Fähigkeiten

Epilog

Vorwort

»Alles auf der Welt kommt auf einen gescheiten Einfall und auf einen festen Entschluss an.«
JOHANN WOLFGANG VON GOETHE

Herzlich willkommen in der Welt des Verkaufens. Ups, da ist es wieder, das unangenehme Wort *verkaufen*. Wer, bitte schön, will schon Verkäufer sein? Eine Wirtschaft ohne Verkäufer ist unvorstellbar, und dennoch löst der Begriff des Verkaufens Unbehagen aus. Selbst Unternehmen, die einen Verkäufer suchen, vermeiden es, in ihren Stellenanzeigen auch nur ansatzweise diesen Begriff zu erwähnen. Sie suchen keine Verkäufer, sondern »Berater«, »Salesmanager«, »Key Account Manager« oder »Sales Representatives«. Alles wohlklingende Namen, die den negativ besetzten Begriff des Verkaufens kaschieren sollen. Doch wohin man schaut, Verkäufer allenthalben. Denn nicht nur Verkäufer im engen Sinne verkaufen. Auch Architekten, Rechtsanwälte, Ärzte, Unternehmer, Manager usw. müssen ihre Produkte und Dienstleistungen verkaufen. Ein Zahnarzt, der seine Leistung nicht verkaufen kann, gefährdet nicht nur seinen Umsatz und damit den Gewinn. Hinter ihm stehen Menschen, die in der Praxis ihren Lebensunterhalt verdienen. Eine Familie ohne Einkommen zu versorgen ist nicht möglich. Eine Praxis einzurichten kostet ein halbes Vermögen. Nicht selten wird sich der Zahnarzt hoch verschulden müssen, um all die Dinge anzuschaffen, die einen reibungslosen Praxisablauf garantieren. Was er kauft, muss an anderer Stelle produziert werden, wie zum Beispiel ein Zahnarztstuhl. Seine Entscheidung, eine Praxis zu eröffnen, sichert im weiteren Sinne also auch die Arbeitsplätze in der Industrie – dauerhaft. Denn der Zahnarzt benötigt eine Reihe von chemischen Produkten für die Zahnpflege, die er zukaufen wird. Sie sehen an diesem einfachen Beispiel, wie wir doch alle vom Verkaufen leben und mitunter nur ein Einziger dafür sorgt, dass es vielen in dieser Gesellschaft gut geht.

Natürlich macht es einen Unterschied, ob ein Zahnarzt seine Leistung verkauft oder jemand den Beruf des Verkäufers ausübt. »Echte« Verkäufer haben sich für einen der schwierigsten Berufe dieser Welt entschieden, weil wir es hier mit einem Verhaltens- und weniger mit einem Wissensberuf zu tun haben. Die Persönlichkeit des Verkäufers steht im Vordergrund und nicht das Wissen, wie es beispielsweise bei einem Ingenieur der Fall ist. Verkäufer sein ist Berufung und kein Job! Wenn Sie sich für diesen schwierigen, gleichzeitig schönen, weil herausfordernden Beruf entschieden haben, dann können Sie Ihre Erfolge noch verstärken, wenn Sie die vier Faktoren für mehr Umsatz und Gewinn ausbauen, die Sie in diesem Buch kennenlernen.

Es geht um Ihren Erfolg. Wobei die Frage im Raum steht, was unter Erfolg zu verstehen ist. Zunächst einmal ist Erfolg relativ. Wenn Sie zwei Jahre alt sind, bedeutet Erfolg, ohne Windel leben zu können. Wenn Sie 13 Jahre alt sind, bedeutet Erfolg, Freunde zu haben. Wenn Sie 17 Jahre alt sind, bedeutet Erfolg, einen Führerschein zu haben. Wenn Sie 60 Jahre alt sind, kann Erfolg finanzielle Unabhängigkeit und ein Leben an Traumstränden bedeuten. Wenn Sie 70 Jahre alt sind, bedeutet

Erfolg, ohne Schmerzen zu leben. Und wenn Sie 90 Jahre alt sind, dann bedeutet Erfolg, dass Sie zu einer Minderheit von Menschen gehören, die dieses biblische Alter erreicht haben.

Der Begriff *Erfolg* ist ein neuerer Begriff in unserem Wortschatz. Der englische Begriff dazu, *success,* wird erstmals 1537 schriftlich erwähnt. Natürlich feierten die Menschen in der Zeit davor auch ihre Erfolge, doch nannten sie das Siege, weshalb der Begriff in seiner ursprünglichen Form eher als Resultat einer Tat zu verstehen war. Erst mit der Industrialisierung nahm Erfolg plötzlich eine neue Stellung ein. Er wurde vor allem mit Gewinnerzielung und -maximierung gleichgesetzt. Deshalb ist dieser Begriff häufig negativ besetzt, was ihm nicht gerecht wird. Wir leben in einem Risikozeitalter, in dem nur der bestehen kann, der Mut zeigt und weiß, was er will. Wer vor dem Risiko davonläuft, wird vom Risiko eingeholt! Ein Leben ohne Risiko bleibt arm, eintönig, stumpf und inhaltslos. Denn das größte Risiko liegt im permanenten Vermeiden von Risiken. Der 32. Präsident der USA, Franklin D. Roosevelt, sah es ähnlich:

> *»Im Leben gibt es etwas Schlimmeres, als keinen Erfolg zu haben: Das ist, nichts unternommen zu haben.«*

Neben Ausdauer und Beharrlichkeit hat Erfolg auch etwas mit der Beherrschung von Techniken, Methoden und Strategien zu tun. Erfolg ist erlernbar und liegt nicht in unseren Genen. Und darum gibt es sie, die Erfolgsfaktoren des gekonnten Verkaufens. Auch Sie werden bei konsequenter Anwendung dieser vier Erfolgsfaktoren vermutlich schon bald zu den Top-Sellern Ihrer Branche gehören.

Aus Gründen der besseren Lesbarkeit verwende ich nahezu ausschließlich männliche Substantivformen. Ansonsten hat dies keine Bedeutung.

Ich wünsche Ihnen bereichernde Erkenntnisse aus der Welt des Verkaufens, verbunden mit den besten Wünschen.

Herzliche Grüße

Ihr Klaus J. Fink

Einführung

Ein Bild von …

»Es gibt Menschen, deren einmalige Berührung mit uns immer den Stachel in uns zurücklässt, ihrer Achtung und Freundschaft wert zu bleiben.«
CHRISTIAN MORGENSTERN

Während meines Jura-Studiums zog ein Kommilitone einen merkwürdigen Vergleich. Er war der Meinung, dass alles, was mit v beginnt, in der Hölle enden wird. Und so zählte er auf: Verbrecher, Vergewaltiger und Verkäufer! Ich war entsetzt. Doch wenn wir ehrlich sind, dann zeigt dieser Vergleich, wie die meisten Deutschen über den Beruf des Verkäufers wirklich denken. Da werden ohne Ansehen der Person Beruf und Kriminalität in einen Topf geworfen. Allerdings ist dieser Vergleich so neu nicht. Der Mythologie nach gab es zwölf große olympische Götter. Einer davon war Hermes, der bei den Griechen als Gott der Magier, der Kaufleute und Diebe verehrt wurde. Überdies war er der Gott der Redekunst. Er vereinte somit das volkstümliche Bild des Verkäufers in einer Gottheit, nämlich, dass man als Verkäufer gut reden können muss, es mit der Wahrheit nicht immer genau nimmt, überteuerte Verträge abschließt, die einem Diebstahl gleichkommen, und sich so an Dritten bereichert.

Dieses Klischee aus der Antike hält sich bis in die heutige Zeit, und es sieht nicht danach aus, dass sich das Bild bald ändern wird. Im direkten Renommee-Vergleich zu anderen Berufen landen Verkaufsberufe stets auf den hinteren Plätzen. Zum fünfzehnten Mal in Folge ermittelte der Verlag Readers Digest, welche Berufe in den Augen der Konsumenten besonders vertrauenswürdig sind. An der Studie »Reader's Digest European Trusted Brands 2015« nahmen 15822 Leser aus sieben europäischen Ländern teil, davon 6171 aus Deutschland. Diese Studie zeigt immer wieder, dass Verkäufer mit dem Image furchtloser Lebensretter nicht einmal ansatzweise konkurrieren können. Feuerwehrmänner, Piloten und Apotheker haben mit Abstand den höchsten Sympathiewert. Autoverkäufer landen dagegen europaweit auf dem viertletzten Platz. Mit 16 Prozent Zustimmung liegen sie etwas besser im Rennen als die Politiker, denen nur noch 9 Prozent der Befragten ihr Vertrauen schenken. Nur etwas besser ergeht es den Finanzberatern. Doch auch sie müssen sich mit einem der letzten Plätze begnügen.

BERUF	2015	2011	2010	2009
Autoverkäufer	16%	10%	11%	10%
Politiker	9%	7%	10%	7%
Finanzberater	23%	14%	16%	19%

So entwickelte sich das Vertrauen in ausgewählte Berufsgruppen

Das Vertrauen in Verkäufer ist also alles andere als groß. Sie scheinen immer unter einer Art Generalverdacht zu stehen, zum eigenen Vorteil zu lügen, damit der Kunde am Ende unterschreibt. Schließlich werden Verkäufer für unterschriebene Kaufverträge bezahlt und nicht für Beratungen und Kunden-

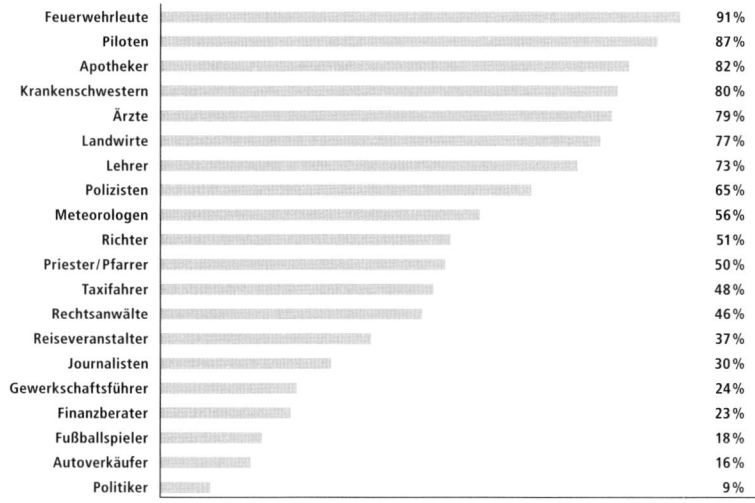

Feuerwehrleute	91%
Piloten	87%
Apotheker	82%
Krankenschwestern	80%
Ärzte	79%
Landwirte	77%
Lehrer	73%
Polizisten	65%
Meteorologen	56%
Richter	51%
Priester/Pfarrer	50%
Taxifahrer	48%
Rechtsanwälte	46%
Reiseveranstalter	37%
Journalisten	30%
Gewerkschaftsführer	24%
Finanzberater	23%
Fußballspieler	18%
Autoverkäufer	16%
Politiker	9%

Vertrauen in einzelne Berufsgruppen (deutschlandweit)
(Quelle: Readers Digest/European Trusted Brands 2015)

gespräche (von einigen Ausnahmen abgesehen). Dieses Klischee des nach Profit strebenden Verkäufertyps hält sich bis heute hartnäckig. Dabei kommt kein Hersteller oder Anbieter von Dienstleistungen ohne Verkäufer aus. Die Zeiten, in denen sich Erfindungen von allein verkauften, sind schon lange vorbei. Wer wüsste das nicht besser als die Amerikaner? Was immer sie anfassen, sie tun es mit großem Erfolg. Selbst das Internet, in dem so gut wie alles umsonst angeboten wird, nutzen sie gewinnbringender als der Rest der Welt. Das zeigt allein ein Blick auf ihre börsennotierten Aktienkurse.

Dieser Erfolg kommt nicht von ungefähr. Gute und extrem engagierte Verkäufer sind es, die dafür sorgen, dass die größte demokratische Volkswirtschaft der Welt ihre Position behauptet. Mit großem Respekt begegnen die Amerikaner dem Beruf des Verkäufers, weil sie wissen, dass sie ihm ihren Wohlstand zu verdanken haben. Von dieser gesellschaftlichen Anerkennung können Verkäufer in Deutschland nur träumen. Das Land der Dichter, Denker und Erfinder hat eine sehenswerte Kultur, nur keine Saleskultur. Verkäufer werden verächtlich »Treppenterrier«, »Staubsaugervertreter« oder »Klinkenputzer« genannt, während einem deutschen Rechtsanwalt mit größtem Respekt begegnet wird. In Amerika ist es genau umgekehrt. Dort haben Rechtsanwälte eher einen zweifelhaften Ruf, weshalb sie in der Wertschätzung der Bevölkerung deutlich hinter dem »Salesman« rangieren.

Studieren lohnt sich, das sagen nicht nur unsere Eltern, sondern auch die Personalchefs. Tatsächlich verdienen Studierte mehr als Arbeiter und Angestellte ohne Studium. Nach Angaben der OECD verdienten im Jahre 2008 Akademiker 67 Prozent mehr als Arbeitnehmer, die nur über eine Ausbildung verfügten. Doch gibt es einen Bereich, in dem das Gehalt von der Art der Ausbildung weitgehend abgekoppelt ist: den Vertrieb.

Dazu die Meinung von einem, der sich auskennt, nämlich von meinem Kollegen Oliver Müller-Marc von der ensego[1]:

> *»Wenn man die Grundlagen von Verkäufern betrachtet, fällt der Blick zunächst auf den beruflichen Werdegang. Wird die Basis des Verkäufers in der Ausbildung oder im Studium gelegt? Ist es besser, BWL zu studieren oder gar Psychologie? Oder ist es schlicht so, dass man Verkaufen zwar erlernen kann, wirkliche Spitzenverkäufer jedoch mit dem Vertriebstalent geboren werden? Oder ist für einen Spitzenverkäufer beides, also sowohl angeborenes Talent als auch hartes Training und Ausbildung, ausschlaggebend? (…) In den letzten Jahren stelle ich zunehmend fest, dass es zwei entscheidende Indikatoren für erfolgreiche Vertriebsmitarbeiter gibt,*

wenn sie eine neue Aufgabe im Verkauf bei einem neuen Unternehmen beginnen:

1. *die Persönlichkeit und innere Einstellung des Verkäufers und*
2. *die Qualität des Handwerkzeugs im Vertrieb, das der Verkäufer erlernt hat.«*

Das Learning on the Job macht den Beruf des Verkäufers so reizvoll. Dadurch bieten sich vor allem für junge Leute interessante Perspektiven. Wer nicht studieren will, dennoch sehr gut verdienen möchte, findet im Verkäuferberuf die besten Möglichkeiten.

THINK BY FINK

 **KLAUS-J. FINK** TOPSELLING

Unter den Top 100 der Top-Jobs der Zukunft (Wirtschaftswoche) findet sich auch der Verkäuferberuf.

Verkaufen! Was sonst?

»Mancher Kaufmann betrügt ohne Skrupel, aber stehlen würde er schlechterdings nicht.«
ARTHUR SCHOPENHAUER

Schopenhauers Bild eines Kaufmanns ist offensichtlich nicht das beste, wie wir dem Eingangszitat entnehmen können. Immerhin differenziert er noch zwischen offenem Diebstahl und Betrug, aber die Richtung, in die er weist, ist klar: Weil Kaufleute auf einen Gewinn aus sind, sind sie per se von zweifelhafter Moral. Diese Meinung ist auch heute noch aktuell. Wer Gewinne anstrebt, steht unter Generalverdacht, nicht ganz koscher zu sein. Leider hat die Finanzkrise dazu beigetragen, genau dieses schlechte Bild noch zu verfestigen. Dabei wird übersehen, dass nicht das Streben nach Gewinn, ohne den kein Unternehmer auskommt, Auslöser dieser Entwicklung war, sondern die Gier nach noch mehr Gewinn. Wohin diese Gier, die übrigens schon in der Bibel als eine der sieben Todsünden beschrieben wurde, eine ganze Welt treibt, nun, das haben wir gesehen. Der Vollständigkeit halber sei an dieser Stelle erwähnt, dass es keine Verkäufer waren, die eine der schlimmsten monetären Krisen in der Menschheitsgeschichte auslösten, sondern, mit Verlaub, Zocker, die mit geliehenem Geld und wertlosen Schuldverschreibungen Milliardensummen bewegten. Dennoch ist das Verkäuferimage nachhaltig beschädigt. Was andererseits überrascht, denn für viele Menschen gibt es doch kein größeres Glücksgefühl als einzukaufen. Ein Blick in die Wohnungen und die Schränke der Deutschen zeigt eindrucksvoll, wie gern wir kaufen. Mehr als 70 Milliarden Euro geben die Deutschen jährlich nur für Kleidung aus. Tendenz steigend. Also kann doch Kauf wie Verkauf nichts Schlechtes sein.

Wenn Studien[2] zufolge Frauen 25 184 Stunden und 53 Minuten ihres Erwachsenenlebens (Basis: 63 Jahre) damit beschäftigt sind, Essen, Kleider und Co. einzukaufen, muss Kaufen etwas Schönes sein. Niemand würde sich fast drei Jahre seines Lebens freiwillig mit etwas beschäftigen, das ihm keinen Spaß macht. Wenn Menschen gerne kaufen, dann muss es auch Menschen geben, die helfen, das Gewünschte zu bekommen. Zieht der Kunde dann zufrieden von dannen, überwiegt auch beim Verkäufer das Glücksgefühl. Immerhin hat er soeben einen Menschen glücklich gemacht.

Es gibt nicht viele Verkäufer, die es ins Guinness-Buch der Rekorde geschafft haben. Einer von ihnen ist Joe Girard. Er ist als der erfolgreichste Autoverkäufer der Welt ausgezeichnet worden und hat sich so einen Platz in der Hall of Fame der Automobilindustrie erarbeitet. Auf die Frage nach seinem Erfolgsgeheimnis sagt er in einem Interview[3]:

»… *Autos zu verkaufen ist wie eine Ehe: Die eigentliche Arbeit beginnt nach der Hochzeit. Die meisten Männer vergessen, dass man sich (dem anderen) jeden Tag aufs Neue verkaufen muss, beweisen muss, dass man der Richtige für sie ist. Genauso bestimmt das Verhalten nach dem Verkauf die Leute, die dich weiterempfehlen … Wenn Sie ein Auto bei mir kaufen, dann bekommen Sie zwei Dinge: ein wunderschönes Auto und mich! … Ich heirate Sie, auf immer und ewig. Wenn ich Sie nicht gut*

behandle, dann werden Sie sich scheiden lassen. Aber das werden
Sie nicht, denn ich behandle Sie gut …«

Joe Girard sieht den größten Fehler der Verkäufer in ihrer Gier nach Geld. Die meisten, so sagt er, wollen nur das Geld ihrer Kunden. Haben sie es, dann lassen sie sie fallen. Deshalb verkauften seine Kollegen fünf Autos im Monat. Joe Girard verkaufte in seiner aktiven Zeit sechs Autos (!) am Tag, 174 im Monat, 1425 im Jahr. Joe Girards Erfolg beruhte auf der Strategie, nicht über den Preis, sondern über den Service zu verkaufen. Verkäufe, die nur über den Preis geführt werden, sind aus Kundensicht schnell vergessen. Oder erinnern Sie sich noch, wann und wo Sie ein benötigtes Teil übers Internet gekauft haben? Haben Sie dieses Teil in einem serviceorientierten Unternehmen gekauft, werden Sie sich sogar noch an die Gestik, Mimik und Stimme des Verkäufers erinnern.

Kunden erwarten so etwas wie »Business Excellence«, also eine herausragende Leistung, und zwar vor Vertragsabschluss (Pre-Sales) und nach dem Verkauf, insbesondere im Supportfall (After-Sales).

Eine Erkenntnis, die so neu nicht ist. Bereits 1999 schrieb der bekannte US-Managementtrainer Tom Peters in seinem Buch[4] »Der Innovationskreis«:

> *»70 bis 90 Prozent der Entscheidungen, ein bestimmtes Produkt*
> *nicht mehr zu erwerben, sind nicht auf das Produkt oder dessen*
> *Preis zurückzuführen. Sie hängen in irgendeiner Weise mit dem*
> *Service zusammen.«*

Der Vergleich von Joe Girard, eine Kundenbeziehung sei wie eine Ehe, hinkt somit keinesfalls. Er sagt, dass nach dem Verkauf die eigentliche Arbeit beginnt. Hier müssen wir uns an die eigene Nase fassen. Wann immer Sie etwas gekauft haben, beschleicht Sie danach ein »ungutes Gefühl«. Plötzlich tauchen Fragen auf, mit denen Sie nicht gerechnet haben: *War das die richtige Entscheidung? Habe ich alles richtig gemacht? Hätte ich noch warten sollen?* Diese Selbstzweifel verstärken sich sogar, sobald wir jemandem von unserem Kauf erzählen. Freunde und Bekannte, die sich ansonsten nur selten zu Wort melden, schauen uns mitleidsvoll an. Hätten wir sie gefragt, wir hätten dieses oder jenes doch viel besser oder günstiger bekommen können, belehren sie uns. Dadurch verstärken sich unsere Zweifel und wir fühlen uns plötzlich ganz allein auf der Welt.

TopSeller kennen diese Situation, deshalb halten sie nach dem Kauf Kontakt zum Kunden, um ihn in seiner Entscheidung zu bestätigen. Sie geben ihm das Gefühl, alles richtig gemacht zu haben. Kurzum: Sie sind an der Seite des Kunden und handeln nach der Devise von Fußballtrainer Sepp Herberger, der mit »seiner« Mannschaft 1954 die Fußballweltmeisterschaft gewann: *»Nach dem Spiel ist vor dem Spiel«*, sagte er einst. So schön ein gewonnenes Spiel auch ist, das nächste Spiel wartet, und alle müssen wieder vollen Einsatz bringen, um zu gewinnen. Wer sich ausruht, wird verlieren. TopSeller freuen sich über den Verkaufsabschluss genauso wie ein Fußballer, der das Tor trifft. In beiden Fällen gibt es etwas zu feiern, wobei der Top-Seller den Verkaufserfolg nicht als den krönenden Abschluss eines Gesprächs sieht, sondern als Aufforderung, den Kunden im sprichwörtlichen Sinne nun an die Hand zu nehmen.

Das Phänomen der Selbstzweifel nach einer Entscheidung bezeichnen Psychologen als *kognitive Dissonanz*. In allem, was wir tun, legen wir unbewusst Rechenschaft über unser Verhalten ab. Bevor wir eine Kaufentscheidung treffen, sammeln wir im Vorfeld Informationen, um rationale Gründe dafür zu finden, richtig zu handeln. Das klingt nachvollziehbar, schließlich wollen wir auf Nummer sicher gehen. Tatsächlich aber treffen wir später nicht immer eine rationale Entscheidung, sondern eine, die uns und den Menschen in unserem Umfeld als eine solche erscheint. Unsere Wahl für ein Produkt ist weniger rational. Das heißt, unsere Kaufentscheidung steht nicht im Widerspruch zu unserer Meinung, zu unseren Überzeugungen oder zu unserem Wissensstand. Mögen die rationalen Gründe zu einer anderen Bewertung kommen, so handeln wir selten danach. Wir mögen keinen Konflikt zwischen unserem Handeln und unseren Überzeugungen, weshalb wir fast immer eine Kompatibilität zwischen unserer Entscheidung und unserem Denken anstreben.

TopSeller kümmern sich nach dem Kauf intensiver um ihre Kunden. Sie verhindern dadurch zum einen eine kognitive Dissonanz und zum anderen festigen sie damit das Vertrauensverhältnis. Durch dieses Verhalten wird das positive Image eines Verkäufers und damit auch des Verkäuferberufs gestärkt. Verkäufer, die nach der AUA-Methode arbeiten – Kunden (A)nhauen, (U)mhauen, (A)bhauen –, haben kein Interesse an einer echten Beziehung zum Kunden. Sie bringen sich damit nicht nur um weitere lukrative Aufträge, sondern »beschmutzen« überdies den ehrenwerten Beruf des Verkäufers.

Fazit: Verkäufer, die sich nicht um ihre Kunden kümmern, legen weiterhin die Saat für ein schlechtes Image dieser Zunft!

»Autos verkaufen keine Autos«, sagte einst Henry Ford. Verkäufer haben daher auch im digitalen Zeitalter den krisensichersten Job.

Die Schuld der anderen

»Wenn etwas missglückt, fragen die Unschuldigen ›Weshalb?‹ und die Schuldigen ›Wer war es?‹«
WIESLAW BRUDZINSKI

Man macht es sich zu einfach, will man nur die schlechten Verkäufer als Auslöser für das schlechte Image dieses Berufs ins Feld führen. Wie eingangs schon erwähnt, haben wir es mit Menschen zu tun, die alles andere als berechenbar sind.

Ein »klassisches« Verkaufsgespräch setzt sich aus mindestens zwei Parteien zusammen: Käufer und Verkäufer. Der Verkäufer möchte eine höchstmögliche Provision (und einen zufriedenen Kunden). Der Käufer will ein hochwertiges Produkt preiswert (seinen Preis wert) einkaufen. Die Kunst liegt nun darin, beide Absichten auf einen gemeinsamen Nenner zu bringen, damit beide Seiten zufrieden sind. Ist einer von beiden unzufrieden, fangen die Probleme an, weil es ihn nicht gibt, den rein rational handelnden Homo oeconomicus. Bei allem, was wir Menschen tun, sind Gefühle im Spiel. Was zum Zeitpunkt des Verkaufsgesprächs ein gutes Gefühl war, kann zwei Wochen nach Vertragsunterzeichnung ins Gegenteil umgeschlagen sein. Verträge sind bindend. Wer nun versucht, im Nachhinein Verträge zu stornieren, also außerhalb gesetzlicher Widerrufsfristen, erhält für gewöhnlich eine Absage. Das eigene Versagen wird ausgeblendet und ein Schuldiger ausgemacht: der böse Verkäufer, weil der – falsch – beraten hat.

Besonders deutlich hat das die Finanzkrise gezeigt. Millionen von Anlegern lecken sich noch immer ihre Wunden. Sie haben viel Geld verloren, teilweise alles. Ein Schuldiger ist schnell gefunden: Es ist der »böse« Berater, der einem diese Produkte verkaufte. Es gibt ihn, diesen skrupellosen Verkäufer, der buchstäblich über Leichen geht, um seine Provisionseinnahmen zu erhöhen. Doch das Gros der Finanzberater aller Couleur (Banken, Versicherungen und Bausparkassen) arbeitet fair, transparent und gewissenhaft. Aber auch ihnen ist das Hemd näher als die Jacke, sodass sie im Zweifelsfall eher den Kundenwunsch ausführen, als dass sie den Kunden unverrichteter Dinge zur Konkurrenz ziehen lassen.

Wenn Gier im Spiel ist, hat jeder seriöse Berater ein Problem. Scharenweise liefen die Kunden zu den Finanzjongleuren, die 10 Prozent und mehr versprachen. Für ihren »bisherigen« Berater hatten sie nur noch ein müdes Lächeln übrig, konnte er doch gerade einmal 5 Prozent in Aussicht stellen. Natürlich wissen Anleger, dass es fast unmöglich ist, zweistellige Renditen zu kassieren, wenn das allgemeine Zinsniveau bei unter 2 Prozent liegt. Aber in Momenten, in denen »gute Gewinne« winken, gehen bei vielen die Pferde durch. Gier verdrängt logisches Denken. Wir Konsumenten haben so etwas wie den freien Willen. Wir können ein Angebot annehmen oder ablehnen. Wenn wir in unserer Gier ein völlig überzogenes Versprechen als Wahrheit annehmen, obwohl unser gesunder Menschenverstand das Gegenteil vermutet, wer, bitte schön, ist denn dann der Verantwortliche? Der Verkäufer, der unsere Gier nach immer mehr, größer und höher befriedigte, oder wir?

»Geld«, so sagt der Hirnforscher und Diplompsychologe Dr. Hans Georg Häusel in einem Interview, »ist für unser Gehirn nichts anderes als eine positive Belohnung … Wenn Sie Geld hergeben, werden im Gehirn die gleichen Bereiche aktiviert, die sich auch bei Zahnschmerzen melden. Die Trennung von Geld ist also ein extrem schmerzhafter Prozess, und unser Gehirn versucht, den maximalen Belohnungswert zu erzielen.«[5] Verständlich also, wenn die Hasardeure mit ihren vollmundigen Versprechungen mehr Kunden »an Land ziehen« als der ehrliche Verkäufer. Gleichwohl muss und sollte Letzterer an seiner Strategie festhalten. Bisher ist noch jede »Blase« geplatzt, und Anleger, die diesem Hype fernblieben, waren die wahren Gewinner. Die wirkliche Herausforderung für den Verkäufer besteht darin, den Kunden »bei Laune« zu halten. Je intensiver der Kontakt zum Kunden, desto einfacher ist es, ihn von der Notwendigkeit richtiger Entscheidungen zu überzeugen.

Natürlich gibt es in jeder Branche schwarze Schafe. Es geht darum zu erkennen, dass es in dieser Welt kein *Ich* mehr gibt, sondern nur noch ein *Wir*. Alles korreliert miteinander. Deshalb werden zukünftig diejenigen abgestraft, die es mit der Ehrlichkeit nicht so genau nehmen. Die, die hier Einsatz zeigen, werden entsprechend »aufgewertet«.

TopSeller negieren nie die Realität.
Sie reden niemandem nach dem Mund.
Sie haben den Mut, ihren Kunden die
Wahrheit zu sagen.

Innovation trifft Verkauf

*»Wenn es nur eine einzige Wahrheit gäbe, könnte man nicht
hundert Bilder über dasselbe Thema malen.«*
PABLO PICASSO

Niemand in Europa meldet dem Europäischen Patentamt
(EPO) jährlich so viele Patente wie Deutschland. Selbst inter-
national kann sich Deutschland sehen lassen. Nur die USA mit
ihren 300 Millionen Einwohnern und Japan melden mehr Patente.

Von den mehr als 32 000[6] deutschen Patentanmeldungen
kommt allein über die Hälfte aus Bayern und Baden-Württem-
berg (62,5 Prozent)[7]. Auf solche Zahlen können wir Deutschen
stolz sein. Genauso stolz können wir auf den wirtschaftlichen
Aufschwung sein, der sich im Sommer 2010, nur zwei Jahre
nach dem Ausbruch der Finanzkrise, entwickelte. Kein anderes Land konnte die Krise so schnell abschütteln wie Deutsch-

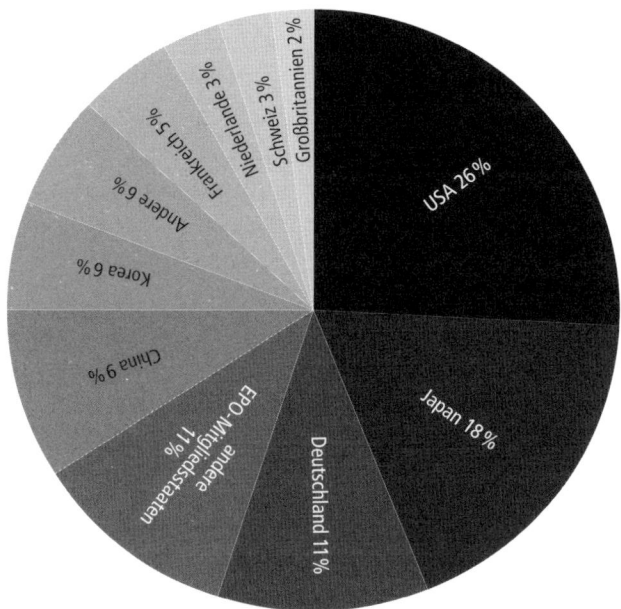

Herkunft der Patentanmeldungen beim EPO (2014)

land. Es stimmt aber auch, dass Deutschland als die führende Exportnation den größten Einbruch während der Krise erlebte. Alles hat im Leben zwei Seiten. So auch der Aufschwung. Bei näherer Betrachtung stellt sich heraus, dass mehr als ein Drittel davon durch staatliche Konjunkturmaßnahmen angeschoben wurde. Das sagt der Internationale Währungsfonds. Der Preis, den wir Deutschen dafür zahlen, ist hoch, weil die Staatsverschuldung dramatisch steigt.

Das restliche Wachstum geht zurück auf die gestiegene Auslandsnachfrage. Im Inland sieht es dementsprechend düster aus, und das schon seit mehr als einem Jahrzehnt.

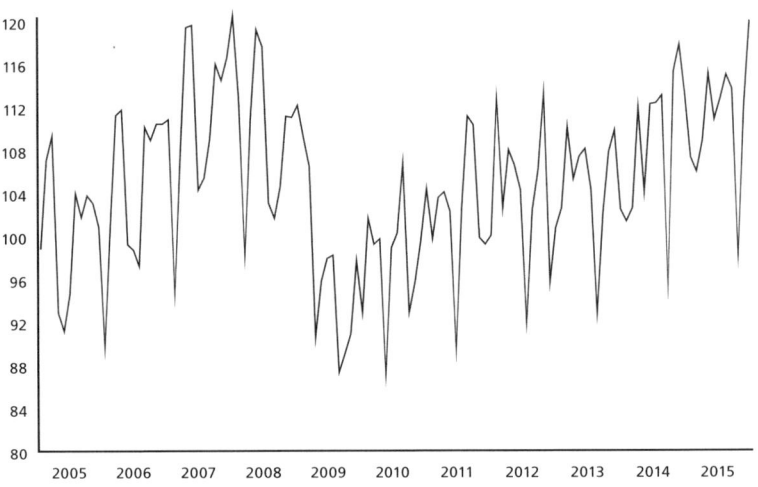

Auftragseingang Inland (Konsumgüter) (Quelle: Deutsche Bundesbank)

Außen hui, innen pfui? Mitnichten. Deutschland ist nicht nur ein Land der Dichter und Denker, sondern auch der Ingenieure. »Made in Germany« ist in der Welt das Synonym für Qualität. Allerdings ist die beste Erfindung, das schlaueste Patent, das schönste Design wertlos, wenn nichts davon verkauft wird oder der Mut fehlt, Erfindungen kommerziell zu nutzen. Es braucht »echte« Verkäufer, um neue Trends an den Mann und die Frau zu bringen. Wie sähe die Welt heute aus, wenn nicht eine Frau den Mut gehabt hätte, das erste Auto der Welt zu fahren? Ginge es nach Kaiser Wilhelm II, dann würden wir heute noch mit Pferd und Karren unterwegs sein:

> *»Ich glaube an das Pferd. Das Automobil ist eine vorübergehende Erscheinung.«*

Bertha Benz unternimmt die erste Fernfahrt der Welt mit einem Automobil. Dennoch hält sich bis heute das Gerücht,

Frauen seien die schlechteren Autofahrer. Tatsächlich war der deutsche Erfinder des Automobils, Carl Friedrich Benz, ein glänzender Techniker. Er konstruierte das erste Auto der Welt, das er 1886 als »seinen« Motorwagen zum Patent anmeldete. Niemand hätte von dieser Erfindung des hochbegabten Technikers mit mangelndem Geschick fürs Unternehmerische erfahren, wenn seine Frau auf die »Werbefahrt« verzichtet hätte. Sie war es, die sich ohne sein Wissen auf den Motorwagen setzte und eine Reise von Mannheim nach Pforzheim antrat. Ein mutiges Unterfangen. Schließlich fehlte es ihr an technischem Sachverstand, Benzin gab es dosiert nur in Apotheken zu kaufen, und ausgebaute Straßen suchte man zu dieser Zeit vergebens. Mit ihrer Probefahrt wollte Bertha Benz ihrem Mann Mut machen und ihm die Tauglichkeit und Zukunftsfähigkeit seiner Erfindung beweisen. Verkaufen durch Zeigen, nach diesem Motto handelte die resolute Frau.

In Sachen Erfindungen nimmt Deutschland einen der besten Plätze in der Welt ein. In Sachen Vermarktung mit Abstand den schlechtesten. Unzählige Innovationen finden ihren Ursprung in Deutschland. Das Geld damit verdienten indes andere. So meldete zum Beispiel der Aachener Andreas Pavel 1977 einen an den Gürtel gehängten Kassettenspieler zum Patent an. Kein deutscher Hersteller zeigte Interesse, nur der Sony-Gründer Akio Morita erkannte das Potenzial. Er griff die Idee auf, nannte den Kassettenspieler »Walkman« und verkaufte etliche Millionen Stück.

1956 stellte der Kieler Unternehmer Rudolf Hell seinem Partner Siemens ein funktionsfähiges Faxgerät vor. Siemens erteilte dem Fernkopierer eine Absage und hielt am Fernschreiber fest. Diese Übertragungstechnik ist heute so gut wie ausgestorben. 1976 erkannten die Japaner das Potenzial eines Faxgerätes, weshalb sie es in Serie millionenfach bauen ließen. Rudolf Hell entwickelte auch den Chromagraphen, einen funktionstüchtigen Farbscanner. Es waren die Amerikaner und die Japaner, die diese Ideen für den Massenmarkt produzierten und verkauften.

Der 1910 geborene Bauingenieur Konrad Zuse stellte im Alter von 31 Jahren der Weltöffentlichkeit die erste voll funktionstüchtige elektromechanische Rechenmaschine der Welt vor. Damit legte er den Grundstein für das digitale Zeitalter der Nullen und Einsen. Zuses Firma wurde später von Siemens übernommen. Das Rennen um die Vormachtstellung im Computerzeitalter gewannen die Amerikaner mit IBM und die Asiaten mit ihren kompatiblen Computermodellen. Nicht die Deutschen, obwohl sie den ersten Computer der Welt fertigten.

Ähnlich revolutionär war die Erfindung der digitalen Komprimierungstechnik, kurz MP3. Der aus Erlangen stammende Techniker und Fraunhofer-Forscher Karlheinz Brandenburg und sein Team tüftelten dieses Verfahren aus. Das Potenzial erkannten die Amerikaner, allen voran Steve Jobs, Gründer von Apple Computer. Inzwischen sind mehr als 250 Millionen Apple-MP3-Player, besser bekannt als iPod, im Umlauf. Das allein ist schon ein sensationelles Ergebnis. Doch Apple bietet seinen Kunden noch mehr – Musik. Täglich sollen mehr als eine Million Musiktitel über die Apple-Musikbörse kostenpflichtig heruntergeladen werden. Das nennt man »passives Einkommen«, also Umsatz, für den niemand mehr aktiv arbeiten muss.

Es erhebt sich die Frage, was herausragende Verkäufer, die sich dieser Verantwortung stellen, so hervorragend macht? Dieselbe Frage könnte man für jeden Beruf stellen: Was macht den

Malermeister so erfolgreich, den Sie sich jedes Jahr ins Haus holen, um die Wände tapezieren zu lassen? Was macht den Pizzabäcker so erfolgreich, den Sie trotz der übermächtigen Konkurrenz um eine Tischreservierung bitten müssen, damit Sie einen Platz bekommen? Sie alle sind »anders« als die anderen. Sie überzeugen durch ihre Art, ihr Fachwissen, ihre Verbindlichkeit, ihre Leistung und nicht zuletzt durch ihre Freundlichkeit.

Fachwissen allein entscheidet nicht über den Verkaufserfolg, gleichwohl ist es erforderlich. Ein Rechtsanwalt ohne Wissen ist sein Geld nicht wert. Wobei der Ratsuchende davon ausgehen darf, dass jeder Anwalt zumindest über ein Grundlagenwissen verfügt. Das bringt schon der Berufsstand mit sich. Schließlich verlangt der Gesetzgeber hier, wie in vielen anderen Berufen, ein abgeschlossenes Studium. Auch Handwerker dürfen für gewöhnlich erst nach erfolgreichem Abschluss ihrer Ausbildung als Geselle arbeiten und in der Regel nur mit dem Meisterbrief einen Betrieb eröffnen. Nur beim Berufsbild des Verkäufers scheint der Rechtsstaat eine Ausnahme zu machen, weshalb sich hartnäckig das Gerücht hält, jeder könne verkaufen. Der Verkäuferberuf ist ein Beruf ohne einen gesetzlichen Ausbildungsstandard. Berufe ohne Ausbildung haben in Deutschland einen schweren Stand. Während jeder Personalchef Zeugnisse, Diplome, Zertifikate und sonstige Belege einfordert, fragen amerikanische Unternehmer ihre Bewerber, was sie können und wo ihre Fähigkeiten liegen. Das ist für sie wichtiger als eine lückenlos geradlinig verlaufende Vita. Ein Lebenslauf ohne Höhen und Tiefen hat in Deutschland häufig einen höheren Stellenwert als ein Bewerber mit Mut zum Risiko.

Viele wirtschaftlich gescheiterte Unternehmer- und Verkäuferpersönlichkeiten müssen zeit ihres Lebens mit dem Makel leben, eine Pleite »hingelegt« zu haben. Fast niemand sieht in ihnen das, was sie wirklich sind: Menschen mit Visionen, Mut und der Fähigkeit, entschlossen zuzupacken. Nirgendwo wird Insolvenz als so starke Demütigung empfunden wie bei uns. Der Selbstmord des Pharmaunternehmers und Milliardärs Adolf Merckle gibt eine Ahnung davon, wie sehr erfolgsverwöhnten Machern wirtschaftliches Scheitern zusetzen kann. Da wählen einige den Freitod, weil sie das Gefühl des Versagens nicht ertragen können. Überdies fürchten sie sich vor den Anfeindungen Außenstehender.

Das ist in Amerika ganz anders. So tragisch eine Insolvenz auch ist, zollen die Amerikaner dem Gescheiterten Respekt ob seines Mutes, klopfen ihm anerkennend auf die Schulter und fragen: »*What's your next project?*«

Erfolgreiche Unternehmer, nicht Angestellte, schaffen Arbeitsplätze, zahlen die höchsten Steuern, gehen größte Risiken ein und stellen sich schützend vor ihre Firma, wenn der Wind stärker bläst.

THINK BY FINK **KLAUS-J. FINK** TOPSELLING

TopSeller sind Unternehmer, weil sie immer etwas unternehmen. Ansonsten wären sie Unterlasser.

Verkaufen statt beraten

*»Ein Theater ist ein Unternehmen,
das Abendunterhaltung verkauft.«*
BERTOLT BRECHT

»Berater oder Verkäufer?«, das ist hier die Frage. Gleichwohl ist diese Frage überflüssig. In beiden Berufen geht es am Ende um eins: den erfolgreichen Vertragsabschluss. Dennoch gibt sich eine Vielzahl der im Vertrieb tätigen Menschen als Berater aus, um ja nicht mit dem schlechten Image des Verkäufers in Verbindung gebracht zu werden. Aus ihrer Sicht sind Verkäufer nervig, verlogen, egoistisch, aufdringlich, unzuverlässig, teilweise sogar dummdreist. Sie selbst beschreiben sich in ihrer Rolle als *Kundenberater* als nett, zuvorkommend, selbstlos, ehrlich, verständnisvoll usw. So weit die Klischees, die entscheidend dazu beitragen, warum nur so wenige Menschen Verkäufer sein wollen. Das Problem: Von Beratung allein wird niemand satt. Nur Umsatz und Gewinn ermöglichen es dem Unternehmer, Löhne, Gehälter und Provisionen zu zahlen.

Man macht es sich aber zu leicht, wenn nur das gängige Klischee als Grund für die Ablehnung des Verkäuferberufs ins Feld geführt wird. Bereits im Vorwort wurde erwähnt, dass der Beruf des Verkäufers ein Verhaltens- und weniger ein Wissensberuf ist. Das ist ein großer Unterschied. Berater sind reaktive

Mitarbeiter, die sich mit ihrem Fachwissen ihre Position erarbeitet haben. Sie üben also einen Wissensberuf aus. Reaktive Mitarbeiter warten auf eine Aufgabenstellung. Ein Berater erwartet somit einen Ratsuchenden, der eine Frage stellt, die er, der Kundenberater, ob seines Wissens leicht beantworten kann. Hat der Kunde ein Problem, löst der Kundenberater es. Ein Berater konzentriert sich in erster Linie darauf, dem Kunden das zu geben, wonach dieser verlangt.

Im Unterschied dazu sind Verkäufer Mitarbeiter, die von sich aus aktiv werden und zum Beispiel neue Kunden gewinnen. Sie warten nicht, bis der Kunde zu ihnen kommt. Sie holen sich diesen Kunden ins Haus. Selbstverständlich beraten sie diesen nach bestem Wissen und Gewissen. Womit hier klar erkennbar wird, dass es keine Trennung zwischen Berater oder Verkäufer gibt. Ein guter Verkäufer ist auch immer ein guter Berater. Doch steht für ihn im Vordergrund, Umsatz zu generieren. Um das zu erreichen, erfüllt er nicht nur die Wünsche seiner Kunden, sondern bietet und verkauft zusätzliche Leistungen. Leistungen, von denen der Kunde zuvor noch nichts wusste. Ein Verkäufer weckt somit auch Bedürfnisse, die er mit seinen Angeboten befriedigen kann. Und genau das erwarten die Kunden heute. Sie wollen nicht nur den »netten Berater«, sondern auch klare Aussagen, was sie zu tun haben. *»Die Kunden wollen nach der Beratung einen letzten Kaufimpuls«*, weiß der Professor für Marketing Dr. Alexander Haas von der Universität Gießen. In einem Interview[8] sagt er weiter: *»Informationsvermittlung, freundlich sein, keinen Druck zum Verkaufsabschluss aufbauen, mit diesen Ingredienzen im Verkaufsgespräch ist nicht unbedingt ein Geschäft zu machen.«*

TopSeller sehen in ihren Kunden Partner und nicht nur Rat suchende Laien, denen schnell eine Lösung übergestülpt werden kann. TopSeller sind in der Lage, einen Kunden von einer Idee zu überzeugen, Problemlösungen anzubieten sowie den Nutzen von Produkt und Dienstleistung sicher darzustellen. Das ist aktives Verkaufen, alles andere ist reaktive Beratung. Wer sich anders verhält, verliert Kunden, so auch das Ergebnis einer Studie[9] der Unternehmensberatung »Dauerhaft erfolgreich«. Danach wenden sich 85 Prozent der Kunden von Verkäufern aus dem Finanzbereich ab, die ihnen keine individuellen Lösungen anbieten können. 88 Prozent der Befragten wollen von unabhängigen Finanzberatern neutral, objektiv, ehrlich, offen und kompetent beraten werden. Nur wenn es dem Finanzberater gelingt, eine Partnerschaft mit dem Kunden einzugehen, sind knapp 92 Prozent der Befragten bereit, ihn zu 100 Prozent weiterzuempfehlen.

Diese Studie räumt auf mit dem Vorurteil, dass Finanzberater des Deutschen unliebstes Kind seien. Der *Preis* einer Versicherungspolice ist wichtig, aber längst nicht das alleinige Entscheidungskriterium. Nur zu 58 Prozent bestimmt er die Zufriedenheit eines Versicherungskunden. Mit 42 Prozent beeinflussen Serviceleistung und Kundenkontakte die Zufriedenheit des Versicherungsnehmers. Das sagt eine Studie[10] des Forschungsunternehmens MSR Consult. Dennoch wird in den Medien immer wieder von den »unseriösen« Machenschaften im Finanzvertrieb gesprochen, die nur eines im Sinn haben: den Kunden unwirtschaftliche Verträge aufzuschwatzen und sich daran selbst zu bereichern. So schreibt die Tageszeitung *Die Welt* in einer Online-Ausgabe: »*Deutsche betteln um bessere Geldberater*«[11]. Und die *Wirtschaftswoche* will ihren Lesern zeigen: »*Wie Versicherer unabhängige Finanzberatung verhindern*«.[12] Die Autoren dieser und vieler anderer Berichte sind der Meinung, dass eine Honorarberatung den Missstand beenden würde. Sie übersehen dabei, dass das Gros der Verbraucher eine kostenlose Beratung wünscht und eben nicht bereit ist, dafür zu zahlen.

Rund 85 Prozent der befragten Deutschen sind gar nicht gewillt, für eine Beratungsleistung Honorar zu bezahlen, sagt eine Studie des Instituts für Management- und Wirtschaftsforschung (IMWF)[13], die von fünf Versicherungsgesellschaften in Auftrag gegeben wurde. Überdies stellt sie fest, dass die Absicherungsqualität der Bundesbürger weitgehend unabhängig von den verschiedenen Vergütungsmodellen wie Honorarberatung oder provisionsorientierte Beratung ist.

Das alles zeigt, dass die Kunden kein Problem mit Verkäufern haben. Dieses Problem existiert nur im Kopf der Vertriebsmitarbeiter. Sie selbst sind es, die ein schlechtes Bild von ihren Aufgaben haben und sich deshalb lieber Berater als Verkäufer nennen. Weil sie innerlich, mit Verlaub, zerrissen sind, versuchen sie sich durch andere Bezeichnungen zu schützen. Wer sich so verhält, sollte ernsthaft darüber nachdenken, ob er den richtigen Beruf gewählt hat. Denn die Beurteilung der eigenen Person, also das Selbstbild, steht in Abhängigkeit zu eigenen Überzeugungen, die im Unterbewusstsein abgespeichert sind. Sie beeinflussen und steuern die Art und Weise, wie der Einzelne die Realität wahrnimmt. Glaubenssätze sind mit unumstößlichen Geboten vergleichbar, die wiederum die Einstellung eines Menschen beeinflussen und damit natürlich sein konkretes Handeln. Wer innerlich zerrissen ist, kann nach außen nicht als Ganzes in Erscheinung treten.

Die Ausführungen in diesem Kapitel beziehen sich auf die Themen Vertrieb und Verkauf. Wohingegen es natürlich Berufe gibt, die tatsächlich und zu Recht »nur« Berater und weniger Verkäufer sind, wie zum Beispiel Steuerberater oder

Unternehmensberater. Auch ein Rechtsanwalt übt den Beruf der Rechtsberatung aus. Diese Berater rechnen ihre Leistungen nach Stunden ab. Das ist ein großer Unterschied zum Verkäufer, der in erster Linie auf Provisionsbasis entlohnt wird. Er wird also für das Erreichen von Zielen bezahlt: Gespräch, Abschluss, Unterschrift und Umsatz. Das wiederum erreicht er nur, wenn im Vorfeld die Weichen richtig gestellt wurden: Kundenakquise, Präsentation, Angebotsausarbeitung und -erstellung. Ohne eine detaillierte Vorbereitung reduziert sich seine Chance auf Umsatz und damit auf eine Provision. Er verhält sich damit so, wie schon der griechische Philosoph Sokrates schrieb:

>*Als ich merkte, dass von Leuten mit gleichen Fähigkeiten die einen sehr arm, die anderen aber reich sind, verwunderte ich mich, und es schien mir eine Untersuchung wert, wie das kommt. Da stellte sich nun heraus, dass das ganz natürlich zuging. Wer nämlich ohne Plan handelte, an dem rächte es sich; wer sich aber mit angespanntem Verstand bemühte, der arbeitete schneller, leichter und gewinnbringender.*«

THINK BY FINK

KjF **KLAUS-J. FINK** TOPSELLING

»Das Schaffen selbst ist eitel Bewegung, das stümpert sich leicht in kurzer Frist. Jedoch der Plan, die Überlegung, das zeigt erst, was ein Meister ist.« (Heinrich Heine)

Verkaufen statt verteilen

»Es stimmt nicht, dass alles teurer wird. Man muss nur einmal versuchen, etwas zu verkaufen.«
ROBERT LEMBKE

Wenn alles in Schutt und Asche liegt, haben Verkäufer ein leichtes Spiel. Sie müssen nicht verkaufen, sondern nur verteilen. Die Menschen greifen gierig danach. Im sogenannten Verkäufermarkt* läuft der Verkauf von ganz allein, wie in den Nachkriegsjahren und später in den Wirtschaftswunderjahren. Noch in den 1970er-Jahren teilten die Verkäufer in den Autohäusern Neufahrzeuge zu. Käufer konnten sich glücklich schätzen, wenn sie bei einem dieser Verteilungsprozesse berücksichtigt wurden. In diesen Zeiten wurden Umsätze getätigt nicht wegen, sondern trotz des Verkäufers. Es spielte überhaupt keine Rolle, ob Sie sich sympathisch gewesen wären und die Chemie zwischen Ihnen beiden gestimmt hätte. Und wenn er halb nackt vor Ihnen gestanden hätte, Sie hätten gekauft. Ähnlich erging es in dieser Zeit den Käufern, die im Begriff waren, »das« amerikanische Motorrad, das wie kein

---

* Als Verkäufermarkt bezeichnet man einen Markt, in dem die Nachfrage größer ist als das Angebot. Weil es einen Nachfrageüberhang gibt, spielt die Marktorientierung der Unternehmen keine Rolle, denn der Absatz funktioniert reibungslos.

anderes den *American Way of life* verkörperte, kaufen zu wollen. Wünsche nach Modell, Farbe, Ausstattung usw. wurden von den Verkäufern völlig negiert. Sie bekamen das, was der Hersteller anzubieten hatte. Oder auch gar nichts. Der Hersteller entschied. Damit Sie überhaupt »wahrgenommen« wurden, mussten Sie eine Kaufabsichtserklärung unterschreiben, mit der Sie sich gute Chancen auf Zuteilung eines Motorrads verschafften. Ein Anspruch auf Erfüllung bestand indes nicht.

Das alles ist Geschichte. Selbst die »Premium-Editionen« dieser zuvor beschriebenen Nobelmarken sind heute in wenigen Wochen lieferbar. Der Wind hat sich gedreht, wir befinden uns in einem Käufermarkt* und die Kunden bestimmen, was zu welchem Preis gekauft wird. Nur ein Beispiel, das eindrucksvoll die veränderte Marktlage widerspiegelt: Es gab etwa eine Zeit, da vertraten viele wohlhabende Deutsche die Ansicht, dass ihr Kind ein Musikinstrument beherrschen müsse. Da lag es geradezu auf der Hand, mit dem Klavier zu beginnen. Und so erlebte die Klavierbranche Zeiten, in denen bis zu 50 000 Klaviere jährlich verkauft wurden. Heute werden, wenn überhaupt, nur noch 10 000 Stück verkauft, davon kommen mehr als die Hälfte dieser elitären Musikinstrumente aus Fernost.

Alle Märkte, das zeigen dieses und viele andere Beispiele, sind enger und anspruchsvoller geworden. Wer hier überhaupt noch eine Chance auf Umsatz und damit auf Gewinne haben will, muss heute deutlich mehr tun und bewegen als je zuvor. Für TopSeller ist diese Erkenntnis nicht neu. Sie spüren

---

* Ein Käufermarkt ist dadurch gekennzeichnet, dass das Angebot an Gütern die Nachfrage übersteigt. Der Markt ist gesättigt. Deshalb kann der Käufer aus einer Vielzahl von Angeboten und Anbietern auswählen.

schon dann den Wind der Veränderung, wenn sich erste Luft-
bewegungen bemerkbar machen. Sie haben die buchstäbliche
»Nase im Wind«. Egal, wie sich die Märkte entwickeln, Top-
Seller packen an, handeln und jammern nicht. Als würden sie
einige Liedzeilen aus dem Pop-Song »Wind of Change« der
Scorpions trällern:

> *»… Die Welt kommt sich näher … Die Zukunft liegt in der Luft,*
> *ich kann sie überall spüren, wie sie mit dem Wind der Verände-*
> *rung zusammenweht.«*

TopSeller sehen Veränderungen als Chance und nicht als Krise. Sie achten auf jedes Detail, beobachten die Märkte und
holen sich Rat von Experten. Kurzum: Sie sind anderen immer um die sprichwörtliche Nasenlänge voraus. Aussagen
wie die von Professor Dr. Markku Wilenius, Senior Advisor
Group Economic Research and Corporate Development der
Allianz SE, nehmen sie daher sehr ernst, um sich schnell den
Veränderungen anzupassen:

> *»Wir erwarten ein Jahrzehnt, in dem Kunden an Macht gewin-*
> *nen und Unternehmen mehr denn je gefordert sein werden, in-*
> *dividuelle Lösungen anzubieten – mit messbaren Resultaten für*
> *den Kunden. Das Verhältnis zwischen Kunden und Unternehmen*
> *wird sich verändern. Die neue Partnerschaft zwischen Kunde*
> *und Dienstleister verlangt eine andere Art der Interaktion … Der*
> *Konsument gewinnt gegenüber dem Unternehmen an Macht –*
> *erkennt aber auch dessen Bedeutung als Serviceanbieter und*
> *Experte an: Da das Leben komplexer und Zeit ein knapperes Gut*
> *werden wird, gewinnen persönliche Hilfeleistungen bzw. Assis-*
> *tance an Bedeutung. Kunden suchen zusehends Hilfe bei Coaches,*
> *Beratern und Therapeuten, um wichtige Entscheidungen an ver-*
> *trauenswürdige Quellen auszulagern. Die Qualität der Beratung*

sowie das Zuschneiden der Serviceleistung auf individuelle Be-
dürfnisse werden hier zu den Schlüsselqualifikationen des Unter-
nehmens zählen.«[14]

Das ist doch eine großartige Feststellung. Die Menschen wünschen sich einen Partner, der sie an die Hand nimmt und ihnen den »richtigen« Weg zeigt. Glauben Sie bitte nicht, das
sei doch die normalste Sache der Welt. Eben nicht. Die Realität ist eine andere. Da geben die Konzerne immer wieder viel
Geld aus, um herauszufinden, was sie noch alles tun können
(müssen), um ihre Kunden bei der Stange zu halten, doch auf
das am nächsten Liegende kommen sie nicht: Kundenservice!
Statt immer wieder Geld in teure Studien zu investieren, wären die Protagonisten gut beraten, dieses Geld in die *Pflege* ihrer Kunden zu investieren.

Was Kunden sich von ihren Beratern wünschen, zeigt eine
Umfrage[15] des Marktforschungsinstituts Toluna im Auftrag der
Initiatoren des Wettbewerbs »Deutschlands kundenorientier-
teste Dienstleister«. Nur 9 Prozent der Bankkunden und 6 Prozent der Versicherungskunden erklärten, zweimal oder häufiger aus der Bankfiliale oder Versicherungsagentur gegangen
zu sein und dabei ein positives Gefühl gehabt zu haben. Das
ist ein katastrophales Ergebnis, weil es vermeidbar gewesen
wäre. Mit ein wenig mehr Mühe ließe sich hier schnell und
einfach einiges zum Positiven verändern.

Die Marktforscher wollten ferner wissen, was Anbieter tun
könnten, um die »Laune« der Kunden zu verbessern. Darauf
antworteten die Befragten sinngemäß:

»Neben dem schlichten Wunsch nach besseren Produkten als
denen der Konkurrenz würde ich mich vor allem gern durch

einen besonders hohen Kundenservice und genau auf meine Be-
dürfnisse zugeschnittene Produkte begeistern lassen.«

Es überrascht immer wieder, dass wir selbst in heutiger Zeit noch mit diesen Problemen zu tun haben. Angesichts der gewaltigen Herausforderungen und des immensen Wettbewerbsdrucks müsste doch jedes Unternehmen buchstäblich Himmel und Hölle in Bewegung setzen, um »König Kunde« zufriedenzustellen. Doch davon scheinen wir noch Lichtjahre entfernt zu sein. Auch in unserem Nachbarland Österreich sieht es nicht viel besser aus. Der Finanz-Marketing-Verband Österreich ging in einer gemeinsam mit der GfK Austria durchgeführten Studie[16] der Frage nach, was Kunden von Geldinstituten und Versicherungen (Assekuranzen) erwarten. Das Ergebnis ist eindeutig: Mehr als die Hälfte der Befragten (64 Prozent) legt großen Wert auf Aus- und Weiterbildung der Mitarbeiter, damit diese dem Wunsch nach kompetenter Beratung nachkommen können. Die Bedeutung der Produkte und des Vertrauens durch persönlichen Kontakt und Kompetenz hatte bereits eine frühere Erhebung[17] gezeigt:

Mitarbeiter, die besonders gut beraten, stehen demnach bei mehr
als 57 Prozent der Befragten ganz oben auf der Prioritätenliste.

54 Prozent wünschen sich Berater, die auf die Kundenwünsche eingehen. In der aktuellen Erhebung nimmt mit 60 Prozent Zustimmung eine offene und ehrliche Kommunikation ebenfalls einen Spitzenplatz auf der Kundenwunschliste ein. In guten Zeiten mit guten Ergebnissen zu prahlen ist keine Kunst. Das Gespräch mit dem Kunden zu suchen, wenn alles im Lot ist, kostet keine Mühe. Das kann jeder. Doch wie sieht es aus, wenn die Zeiten »härter« werden? Wer hat dann noch den Mut, zu seinen Entscheidungen zu stehen und Ver-

antwortung zu übernehmen? Nur die wenigsten. Dabei sind das die Momente, in denen die Spreu vom Weizen getrennt wird. Momente, in denen sich der Kunde nach Unterstützung sehnt. Jetzt will er im übertragenen Sinne in den Arm genommen werden, um die Situation leichter ertragen zu können. Doch was machen die unwissenden Kundenberater, die feigen Möchtegern-Verkäufer und mittelmäßigen Verkäuferpersönlichkeiten? Sie tauchen unter und werden nicht mehr gesehen, frei nach dem Motto: »Nach mir (uns) die Sintflut.« Das sind U-Boot-Verkäufer. Sie tauchen auf, wenn alles flutscht und es viel zu verteilen gibt. Sie tauchen ab, wenn der Wind rauer wird und die Kunden »nerven«.

TopSeller sind anders, weil sie agieren und nicht reagieren. Sie sehen hinter jedem Vertrag den Menschen und nicht nur das Geschäft, die Boni oder die Provisionen. Deshalb stehen sie immer »ihren Mann«. Sie sind der sprichwörtliche Fels in der Brandung. Sie warten nicht darauf, dass der Kunde anruft und um Hilfe schreit. Sie sind es, die den Kunden anrufen und ihm erklären, dass es im Leben Aufs und Abs gibt, gute wie schlechte monetäre Zeiten sich abwechseln und auf jeden April ein Mai folgt. Sie leben den hanseatischen Kaufmannsspruch: *»Ebbe und Flut – Kaufmanns Gut.«* Der Kölner würde sagen: *»Echte Fründe ston zesamme wie eine Jott und Pott.«*

Wenn Sie in der Finanz- und Versicherungsbranche arbeiten, dann dürften Sie erkannt haben, welch unglaubliches Potenzial hier schlummert. Sie müssen nur das tun, was das Gros Ihrer »Kollegen« nicht tut: Reden Sie mit Ihren Kunden, in guten wie in schlechten Zeiten. Dann sind Sie der TopSeller par excellence. Und dafür müssen Sie noch nicht einmal einen Cent in die Hand nehmen. Das Gespräch mit Ihren Kunden ist die beste und günstigste Werbung überhaupt.

THINK BY FINK

 KLAUS-J. FINK TOPSELLING

Wenn wir wollen, dass der Kunde
an uns denkt, müssen wir in erster Linie
an den Kunden denken.

Verhalten statt Wissen

»Zu wissen, wie man etwas macht, ist nicht schwer.
Schwer ist nur, es zu machen.«
CHINESISCHES SPRICHWORT

Sie werden es noch öfter hören: Verkäufer üben einen *Verhaltens-* und nur zu einem sehr kleinen Teil einen *Wissensberuf* aus. Dennoch soll es Verkäufer geben, die den Unterschied nicht kennen und deshalb glauben, durch Wissen zum Abschluss zu kommen: Ihre Enttäuschung ist groß, wenn genau das nicht passiert.

Verkäufer, die ihren Kunden über Wissen nahe kommen wollen, erreichen oft genau das Gegenteil – und eben nicht ihre Kunden. Diese Erkenntnis ist nicht so neu. Vor rund 40 Jahren führte der Sozialpsychologe Albert Mehrabian[18], Professor an der University of California, interessante Experimente durch. So untersuchte er etwa die Ausdrucksbereiche Wort, Tonfall und Gesichtsausdruck in ihrer relativen Wirkung. Zur klaren Trennung wurde der Gesichtsausdruck von Probanden über stumme Videos übertragen. Durch einen Bandfilter konnte der Tonfall untersucht werden; der Inhalt der gesprochenen Worte war unverständlich, der Klang und die Sprachmelodie blieben erhalten. Das Ergebnis: Beide nonverbalen Signale hatten eine viel stärkere Wirkung als der verbale Inhalt.

Das macht deutlich, dass es nicht darauf ankommt, *was* Sie sagen, sondern *wie* Sie es sagen. Wenn Sie für diese Feststellung einen Beweis haben wollen, dann fragen Sie jemanden, der Sie versteht, aber nicht antworten kann. Zum Beispiel Ihren Hund. Wenn Sie ihn anschreien und ihn dabei für sein Verhalten loben, wird er seine Rute einklemmen und sich in eine Ecke verziehen. Dagegen wird er mit der Rute wedeln, wenn Sie in einem netten, freundschaftlichen Ton sagen, dass er der größte Streuner aller Zeiten sei und es eigentlich nicht verdient hätte, mit Ihnen unter einem Dach zu leben.

Im Verkauf geht es um nichts anderes. Erfolg hat der, der sein Verhalten und nicht sein Wissen in den Vordergrund stellt. Hierzu gibt es sogar eine interessante Formel der Gesellschaft für Arbeitsmethodik (GFA). Die GFA verfolgt als gemeinnütziger Verein schon seit mehr als 60 Jahren das Ziel, persönliche Erfolgs- und Arbeitsmethoden der Öffentlichkeit zugänglich zu machen. Ihre Hauptthemen sind dabei Arbeitsmethodik, Führung, Kommunikation, Persönlichkeitsentwicklung und Lebensgestaltung. Nach dem Grundsatz »Nutzen bieten – Nutzen ernten« vertritt die GFA die Überzeugung, dass jeder Mensch Vorgehensweisen, Methoden und Prinzipien braucht, um sein Leben beruflich und privat erfolgreich zu gestalten, und dass es eine lebenslange Aufgabe ist, das eigene Können und die ganze Persönlichkeit zu entfalten. Die Erfolgsformel der GFA lautet:

$$\text{Erfolg} = \frac{\text{Wissen}}{2} \times \text{Verhalten}^2$$

Erfolg ist Wissen geteilt durch zwei mal Verhalten zum Quadrat.

Eigentlich eine schmerzhafte Erkenntnis, oder? Würde man auf der rechten Seite der Formel Zahlen einsetzen, so käme für das Verhalten in der Gewichtung ein absolut extremer Wert heraus. Interessant ist dabei auch, dass unser ganzes Schulsystem dieser Formel zuwiderläuft, weil es auf Wissensvermittlung und der Überprüfung von Wissen (»Abfragen«) basiert. Spinnt man diesen Gedanken weiter, so kommt man schnell darauf, dass die Schule nicht optimal auf das »Leben da draußen« vorbereitet.

Es erfüllt uns anscheinend auch aus diesem Grund mit übergroßem Stolz, wenn wir unser Wissen präsentieren können. Gern zeigen wir allen unsere Scheine, Diplome, Urkunden und Zertifikate, die wir fein säuberlich in unserem »Seht mal her, wie toll ich bin«-Ordner abgeheftet haben. Wissen und damit »Scheine« sind mit Sicherheit auch etwas Gutes, denn sie erhöhen natürlich die Chancen, sich etwa bei einer Bewerbung von anderen Kandidaten abzuheben.

Im Umgang mit Kunden ist diese Form der »Selbstbeweihräucherung« alles andere als förderlich. Als Verkäufer müssen Sie natürlich den Markt, die Branche, den Wettbewerb usw. kennen. Denn nur dann erkennen Sie Unterschiede und sind in der Lage, diese zu Ihrem Vorteil zu nutzen. Im Kundengespräch geht es allerdings darum, dieses Wissen so einzubringen, dass beide dadurch einen Vorteil haben. Dabei besteht immer die Gefahr, mit einem Zuviel an Wissen den Kunden zu überfordern. Ist dieser Punkt erreicht, schlägt das Gespräch ins Gegenteil um. Im Verkäuferjargon heißt das: »Fachidiot schlägt Kunden tot.« Durch Ihr Fachwissen geben Sie Ihrem Gesprächspartner unbewusst zu verstehen, welch Geistes Kind Sie im Gegensatz zu ihm sind. Sie sind die Leuchte, er ist (mit Verlaub) der Depp. Ihr Problem ist, dass Menschen nur sehr ungern nachfragen, wenn sie etwas nicht verstanden haben. Unbewusst glauben sie, ihr Gesicht zu verlieren, weil sie etwas nicht wissen. Hinzu kommt die Angst, übervorteilt zu werden, wenn Ihr Gegenüber erkennt, dass er oder sie »dümmer« ist.

Allerdings heißt das in keinem Fall, dass Sie sich als Verkäufer nicht um Wissen bemühen sollten. Sie müssen jede Chance, die Ihnen etwa Ihr Unternehmen bietet, wahrnehmen, um an relevantes Wissen zu kommen – es aber dann, wenn es darauf ankommt, dosiert einsetzen.

Ein TopSeller sollte in drei Wissensbereichen fit sein:

- Produktwissen,
- Anwenderwissen bezogen auf das Produkt / die Dienstleistung und
- Marktwissen.

In den ersten beiden Bereichen sind Verkäufer meist gut aufgestellt. Der dritte dagegen wird oft vernachlässigt, ist am wenigsten ausgereift und wird am wenigsten gepflegt. Dann kann es passieren, dass der Kunde, der vor dem Kauf den Markt gescannt und recherchiert hat, dem Verkäufer überlegen ist.

Ein typisches Beispiel dafür ist etwa ein Kunde, der sich für Fertighäuser interessiert. Dieser hat sich vor einer so großen Kaufentscheidung meist sehr gründlich informiert und im Markt viele Vergleiche angestellt. Im Ernstfall kann er einen Verkäufer, der sich mit seinen Produkten gut und gleichzeitig im Markt und bei den Mitbewerbern vielleicht nur mäßig auskennt, aufs Glatteis führen.

Daher ist ein TopSeller gut beraten, sich auch auf dem Markt sorgfältig umzuschauen, damit er im Ernstfall keinen Kompetenzverlust erleidet. Wissen gibt Sicherheit und eine überlegene Position. Nochmals, wenn Sie Ihr Wissen aktiv einsetzen, gilt: Die Dosis macht das Gift!

Kunden können echte Freaks sein – das kommt allerdings selten vor. Wenn Sie in der Finanzdienstleistung zu tun haben, kennen Sie vielleicht Kunden, die die letzten zehn Ausgaben der »Finanztest« gelesen und verinnerlicht haben – der »normale« Kunde fuchst sich in der Regel nicht so ins Thema hinein.

Was ein TopSeller auf jeden Fall können muss: sein Nichtwissen elegant verkaufen, wenn es hart auf hart kommt. Und wenn tatsächlich eine sehr spezifische Frage kommt und Sie nicht Bescheid wissen – wie gehen Sie damit um?

> *»Ja, Herr Kunde, das ist natürlich Ihr gutes Recht, dass Sie über dieses Detail auch Bescheid wissen möchten. Um ganz sicher zu gehen, dass ich Ihnen da die richtige Auskunft gebe, möchte ich mich kurz bei unseren Spezialisten rückversichern. Morgen bekommen Sie dazu gerne eine detaillierte Antwort.«*

Das ist souverän, kundenorientiert gedacht und gar nicht ehrenrührig – und es bietet wieder einen Anlass für einen weiteren Kontakt.

Wissen ist wichtig, weil der Verkäufer Kompetenz ausstrahlen muss. Und wenn er dem Kunden, wie im Regelfall, weit überlegen ist, muss er sein Wissen eben sehr dosiert einsetzen. Der richtige Ansatz dabei ist: Verkaufen ist eine *Verhaltenstätigkeit*. Wissen ist wichtig, allerdings immer aus Kundensicht aufbereitet und zielgerichtet eingesetzt. Die Kernfrage muss sein: Was will der Kunde (wissen)?

Hier noch ein paar Beispiele, wie es nicht laufen sollte:

In regelmäßigen Abständen testet die Stiftung Warentest die Qualität von Bankberatung und kommt dabei immer wieder zu einem vernichtenden Urteil. Das überrascht nicht wirklich. Zum einen wollen und müssen die Bankberater verkaufen. Zum anderen steigt die Vielzahl der Produkte, deren Inhalte selbst eingefleischte Banker nur noch selten verstehen. Und im »normalen« Tagesgeschäft scheitern viele Berater, weil sie mit ihrem Fachwissen den Kunden schlichtweg überfordern. Stellen wir uns nun einen solchen Kunden vor, der gerne eine Immobilie erwerben möchte. Dazu vereinbart er mit seiner Bank einen Gesprächstermin und schon bald darauf trifft er zum ersten Mal auf den Finanzberater. Der bestärkt den Kunden natürlich in seinen Überlegungen. Schließlich sind hier sechsstellige Summen im Spiel, die ein Durchschnittsbürger, wenn überhaupt, nur einmal im Leben ausgeben wird. Also ein einträgliches Geschäft für die Banken. Deshalb macht der Berater nun auf »dicke Hose«, indem er nur noch mit Fachbegriffen um sich wirft:

*»Herr Kunde, möchten Sie ein **Annuitätendarlehen** oder ein **Tilgungsdarlehen**? Sie können auch ein **Festdarlehen** wählen, wobei wir die Tilgung dann über ein **Depot** abwickeln, welches über eine **Versicherung mit einem Laufzeitverkürzungstarif** abgewickelt wird. Dafür fällt ein **Agio** an. Auf ein **Disagio** beim Darlehen können wir verzichten, da Sie diesen Betrag ohnehin nicht als Werbungskosten geltend machen können. Genauso wenig können Sie die **AfA** anwenden. Abwickeln würden wir das natürlich über ein **Notaranderkonto** …«*

Oder so ähnlich – das ist hier natürlich stark übertrieben und verzerrt dargestellt. Wenn sich der Rat suchende Kunde mit diesem Thema das erste Mal beschäftigt, dürfte die Reaktion eindeutig ausfallen: Er versteht nur noch Bahnhof und hat schon längst die Tür im Auge, um den Raum fluchtartig verlassen zu können.

Oder ein Beispiel aus einer anderen Branche: Sie haben noch nie ein Smartphone besessen und wollen sich nun eines kaufen. Dazu gehen Sie in ein Handygeschäft, das in der Schaufensterauslage mehrere Modelle ausgestellt hat. Auch hier ist die Wahrscheinlichkeit sehr hoch, dass Sie bereits nach wenigen Minuten Verkaufsgespräch nur noch eines sagen werden: *Ich verstehe nur noch Bahnhof!*« Bei den Amerikanern heißt das sehr passend »Feature-Fucking«, wenn zum Beispiel ein Mobilfunk-Berater oder Handy-Verkäufer den Kunden mit seinem Detailwissen zu Tarifen oder Anwendungsmöglichkeiten des Geräts überschüttet.

Verkäufer, denen es nicht gelingt, das Gespräch über die persönliche Ebene, also eben über das Verhalten, zu führen und nicht über Fachwissen, bringen sich um ihren Erfolg.

Das ist für viele allerdings schwer umsetzbar. Ihr Wissen gibt ihnen Sicherheit, an die sie sich gern klammern. Überdies ist Wissen nachvollziehbar. 1 und 1 ergibt »sicher« und in jedem Fall 2, so wie 12 mal 12 eben 144 ergibt. So haben wir es gelernt, weshalb wir auf die Frage, wie das Ergebnis von 12 mal 12 aussieht, sicher antworten können.

Verhalten ist dagegen viel schwieriger zu fassen, weil es sich hierbei eher um »weiche« Faktoren wie Sympathie, Vertrauen oder auch Zuverlässigkeit handelt. Was in einer Situation richtig ist, kann in der nächsten falsch sein. Die gute Nachricht dabei ist: Wir haben als Verkäufer sehr viel Einfluss darauf, wie wir diese »weichen« Faktoren einsetzen.

Sympathie zum Beispiel lässt sich recht leicht gewinnen und dann bewusst steuern. Über die Stimme am Telefon, über die Wortwahl, über Freundlichkeit, Manieren, Pünktlichkeit, Höflichkeit und über Humor. Im Immobiliengeschäft etwa gibt es eine Redensart: *Wer lacht, geht zum Notar.* Schafft es ein Verkäufer, mit dem Kunden zu lachen, ist das Eis gebrochen und die Wahrscheinlichkeit eines Abschlusses steigt enorm.

Wie wichtig Sympathie ist, lässt sich auch an allgemeinen Entwicklungen in einer Verkäufer-Kunden-Beziehung ablesen. Nehmen wir an, Verkäufer und Kunde kennen sich seit fünf Jahren: Wenn sie sich treffen, reden sie in der ersten Zeit ihrer Bekanntschaft zu 80 bis 90 Prozent übers Produkt und übers Geschäft, der Rest ist Smalltalk. Nach fünf Jahren nehmen Themen wie Familie, das Handicap beim Golf, der letzte Urlaub usw. 80 bis 90 Prozent ein, und der Rest des Gesprächs dreht sich um Produkt und Geschäft. Deswegen werden in Unternehmen Einkäufer auch regelmäßig ausgetauscht, damit sie eine gewisse Objektivität dem Markt und dem Produkt gegenüber behalten und nicht zu viel Sympathie zu einem Verkäufer aufbauen.

Ein klassisches Anti-Beispiel: Ein Finanzberater mit einem deutlich sichtbaren Tattoo an der rechten Halsseite und einem Ring im linken Ohr ist schlichtweg deplatziert. Kaum ein Anleger würde diesem Menschen »vertrauen«, auch wenn er vielleicht deutlich ehrlicher wäre als manch gut gekleideter Banker. Denken Sie daran: Kunden erwarten in der Bank nicht, von jemandem beraten zu werden, der aussieht wie ein Steifftier! Das äußere Erscheinungsbild und damit auch das Verhalten dieses Beraters entspricht so nicht den gängigen Normen dieser Branche. Dagegen würde dieser Berater in einem Tattoo-Studio, als Werbedesigner oder als Verkäufer in einer Lifestyle-Boutique akzeptiert werden. Ein russisches Sprichwort bringt es auf den Punkt:

> *»Man empfängt nach dem Gewand und entscheidet nach dem Verstand.«*

Es ist ein altes Sprichwort, darum möchte ich ergänzen, dass nicht nur der Verstand allein entscheidet, sondern auch die Emotionen. Das reimt sich allerdings schlechter. Wichtig ist dabei, dass Sie nicht vergessen: Menschen sind Augentiere!

Wie Außenstehende Sie wahrnehmen, hängt entscheidend davon ab, in welcher Branche Sie als Verkäufer tätig sind. Das sehen die weniger erfolgreichen Verkäufer naturbedingt anders. Sie kleiden und verhalten sich wie ihre Kunden und glauben, das sei der richtige Weg. Wenn ein Zuhälter in ein Autohaus geht, dann hat er eine klare Vorstellung von dem, was ihn dort erwartet. Er erwartet den »typischen« Autoverkäufer, der »aussieht« wie ein Autoverkäufer und nicht wie ein Zuhälter.

Was immer es ist, wir haben von vielen Alltagsdingen ein klares Bild vor Augen. Wenn ich Sie etwa danach frage, wie ein Jäger, ein Arzt, eine Krankenschwester, ein Klempner oder ein Busfahrer aussieht, dann können Sie diese Menschen sehr genau beschreiben. Eine Krankenschwester im »pinkfarbenen Overall« ist schlichtweg nicht vorstellbar. Wie würden Sie reagieren, wenn eine in Pink gekleidete Krankenschwester an Ihr Krankenbett treten würde, um Ihnen Blut abzunehmen?

Verkäufer, die in ihrem Beruf dem Bild der Branche nicht entsprechen, müssen um ein Vielfaches mehr an Energie aufwenden, um das Vertrauen eines potenziellen Kunden zu erhalten. Entsprechen sie aber den Vorstellungen in der von ihnen vertretenen Branche, haben sie es leichter. Denn merke: »*Für den ersten Eindruck gibt es keine zweite Chance.*« Wenn Sie sich das Vertrauen Ihres Kunden über Jahre erarbeitet und damit verdient haben, sind Abweichungen vom gängigen Verhalten erlaubt. Dann können Sie ihn, so weit das überhaupt möglich ist und nicht mit den restlichen Kundenbesuchen, die Sie für den Tag geplant haben, kollidiert, in Freizeitkleidung besuchen und Aufträge schreiben.

Zuverlässigkeit ist ein weiterer »weicher« Faktor, den TopSeller gar nicht wichtig genug nehmen können. Wenn zum Beispiel ein Verkäufer schon die erste Zusage nicht einhält, wird der Kunde das auf das große Ganze übertragen, frei nach dem Motto: »Das fing schon so an und wird so weitergehen …« Wenn Sie also dem Kunden zusichern: »Am Mittwoch haben Sie mein Angebot auf dem Tisch« – und das Angebot ist nicht am Mittwoch beim Kunden, haben Sie ein Problem. Denken wir wieder an die Fertighausbranche: Ihr Kunde wird Ihnen dann nicht mehr grundsätzlich vertrauen, Ihnen Unpünktlichkeit unterstellen und auch zum Beispiel an den Fertigstellungstermin nicht mehr glauben …

In der heutigen digitalen Welt gibt es keinen Grund mehr, nicht zuverlässig zu sein – eine kleine SMS oder E-Mail reicht ja schon, um den zeitlichen Rahmen neu abzustecken: »*Leider verzögert sich unser Angebot …, wir sitzen noch dran …, es ist umfangreicher als gedacht …, wir haben noch eine Alternatividee …*«

Möglichkeiten der positiven Kommunikation, durch die der Kunde sich vielleicht sogar gebauchpinselt fühlt, gibt es viele. Zuverlässigkeit ist heute ein Wert, den man nicht hoch genug ansetzen kann, der immer wichtiger geworden ist und noch weiter an Bedeutung gewinnen wird. Es ist leicht, sich als Top-Seller aus der schnelllebigen Masse abzuheben!

TopSeller sind also zuverlässig und für ihre Kunden – fast – immer zu erreichen. Zugesagte Termine halten sie genauso zuverlässig ein, wie sie vereinbarte Rückruftermine wahrnehmen. Weiterhin versorgen sie ihre Kunden mit neuesten Informationen und im besten Fall laden sie gute Kunden unverhofft zum Essen ein. Der Fantasie eines TopSellers sind keine Grenzen gesetzt.

Um es noch einmal in aller Deutlichkeit zu sagen: *Wissen* und *Verhalten* können eine perfekte Symbiose eingehen. In wissensintensiven Branchen mit geringer Halbwertszeit, etwa im IT-Bereich, *muss* der Verkäufer viel Wissen haben und ständig up to date bleiben. Er muss dieses Wissen unbedingt sehr dosiert einsetzen, wie oben gesagt. Und gerade dann, wenn mein Produkt kompliziert ist, wie etwa in der Assekuranz oder der Finanzdienstleistung, muss ich als Verkäufer zwar auch über viel Wissen verfügen – aber gleichzeitig daran denken, dass mein Verhalten noch viel wichtiger ist. Erfahrungsgemäß hat der Kunde in 80 bis 90 Prozent aller Fälle in diesen Branchen das Produkt nicht hundertprozentig verstanden. Nehmen wir Bausparen, Riester- oder Rürup-Rente, Finanzierungen oder Annuitätendarlehen: Der Kunde versteht sehr oft nicht ganz genau, worum es geht oder wie das Produkt genau funktioniert – egal, wie gut Sie es als Verkäufer erklären können. Kunden unterschreiben, weil sie dem anderen, weil sie Ihnen, vertrauen. Und Vertrauen wird eben ganz stark über Verhalten aufgebaut und viel weniger über Wissen. Je erklärungsbedürftiger die Thematik ist, desto mehr muss Ihr Fokus auf Ihrem Verhalten liegen – das klingt paradox, ist allerdings das Erfolgsrezept Nummer eins.

Vertrauen ist die Conclusio aus vielen, vielen kleinen Punkten, die Sie über Ihr Verhalten steuern. Hat der Kunde viel Vertrauen zu Ihnen aufgebaut, kommt oft die Frage »Was würden Sie an meiner Stelle tun?« – dann können Sie sich gratulieren, einen stärkeren Vertrauensbeweis gibt es fast nicht.

Sie sehen, Verkaufen ist viel mehr von *Emotionaler Intelligenz* (EQ) und viel weniger von Wissen (IQ) geprägt. Es passiert leider noch viel zu oft, dass Unternehmen ihre Mitarbeiter fast nur zu Seminaren schicken, in denen Wissen vermittelt wird. Aus ihrer Sicht durchaus verständlich. Wissen, das wissen (!) wir, lässt sich überprüfen. Nach einem Seminar ist es für den Personalchef ein Leichtes, das Erlernte abzufragen. Dadurch lässt sich die Qualität eines Seminars gut bewerten. Schwieriger wird es, wenn »Verhalten trainiert« werden soll. Schwammiger lässt es sich kaum ausdrücken und damit auch nicht greifen. Verlangt ein Seminaranbieter dann noch einen Betrag, der stark in Richtung vierstellig marschiert, überwiegt die Skepsis, und es wird wieder ein Wissensseminar gebucht. Getreu dem Motto: »Da weiß man, was man hat!« Dabei ist es so wichtig, am Verhalten zu arbeiten, weil sehr viele Verkäufer »Wissensriesen« und gleichzeitig »Verhaltenszwerge« sind.

Ohne Wissen, das haben wir gelernt, geht es natürlich nicht. Doch bedarf es heute anderer Anstrengungen, wenn es darum geht, sich am Markt zu behaupten. Kein Sportler würde auf die Idee kommen, nur immer mit der linken Hand eine Hantel zu stemmen. Er wird immer beide Hände und Arme benützen, um ein »stimmiges« Bild abzugeben. In der Analogie dazu sorgen erfolgreiche Unternehmer dafür, dass ihre Mitarbeiter zum einen Wissen »tanken« können und zum anderen auch im Bereich der Soft Skills Defizite abbauen und Stärken entwickeln. Zu diesen Soft Skills zählen vor allen Dingen soziale, kommunikative und methodische Kompetenzen. In Zeiten der Globalisierung sollte auch interkulturelle Kompetenz (Cross-Culturing) einen höheren Stellenwert bekommen. Das Wissen aus diesen Seminaren erleichtert den Mitarbeitern den Umgang mit einer anderen Lebenskultur. Das sprichwörtliche *»Da bin ich wieder einmal ins Fettnäpfchen getreten«* lässt sich dadurch deutlich reduzieren – was zum einen die Motivation der Mitarbeiter erhöht und zum anderen zufriedene Kunden ans Unternehmen bindet.

THINK BY FINK

KJF **KLAUS-J. FINK** TOPSELLING

Man kann nicht nicht wirken.

Die vier Erfolgsfaktoren

*»Erfolg haben ist nichts, wenn man sich nicht angestrengt hat.
Scheitern ist nichts, wenn man sein Bestes gegeben hat.«*
NADIA JULIETTE BOULANGER

Ein Glück bringendes Kleeblatt hat vier Blätter, vier Richtungen kennt der Himmel, vier Jahreszeiten machen ein Jahr. Und waren wir nicht als Kinder begeistert von dem Spiel *Vier gewinnt*, dem klassischen, senkrecht stehenden hohlen Spielbrett?

Die Zahl Vier ist schon etwas Besonderes. Unter den Zahlen steht sie für Ganzheit und Vollendung, schließlich stellt sie die erste räumlich-körperliche Figur dar und somit eine Ordnung der Manifestation, etwas Statisches, im Gegensatz zum Kreisenden und Dynamischen. Deshalb braucht es auch »nur« vier Erfolgsfaktoren für mehr Umsatz und Gewinn. Nicht sieben, zehn oder achtzehn – vier, die sich überdies gut in einem Quadrat unterbringen lassen:

Die vier Erfolgsfaktoren im Verkauf

»Genie sind 1 Prozent Inspiration und 99 Prozent Transpiration«, sagte einer der erfolgreichsten Erfinder und Unternehmer, Thomas A. Edison. Erfolg hat nicht nur viel mit Ausdauer und Beharrlichkeit zu tun, sondern auch mit der Beherrschung von Techniken, Methoden und Strategien, die erlernt werden müssen, weil sie uns nicht in die Wiege gelegt wurden. Wer das Erlernte immer wieder anwendet, begibt sich auf die Erfolgsspur. Zu dieser simplen, aber dennoch oft negierten Feststellung kommt auch der Wissenschaftsjournalist des amerikanischen Intelligenzblattes »New Yorker«, Malcom Gladwells. Er hat sich auf die Demontage gängiger Vorurteile und die Aufklärung ungewöhnlicher Alltagsphänomene spezialisiert. In seinem Buch »Überflieger: Warum manche Menschen erfolgreich sind und andere nicht«[19] hat er den Nachweis erbracht, dass die allermeisten Genies, Ausnahmekünstler oder Milliardenunternehmer ihren Erfolg nicht als Geschenk des Himmels erhielten, sondern hart erarbeitet haben. Selbst scheinbaren Überfliegern wie Mozart ist es nicht erspart geblieben, zuerst einmal mindestens 10 000 Stunden harte Arbeit zu investieren, um als ernst zu nehmender Komponist wahrgenommen zu werden.

Auch wird niemand ein guter Geiger, nur weil er eine Oper oder ein Konzert besucht. Bloßes Zuschauen oder -hören verändert nichts. Nur das Tun macht den Unterschied. Experten haben ausgerechnet, dass ein Geiger, der sich vom Durchschnitt aller Musiker abheben will, mindestens 2,5 Millionen Mal von links nach rechts und wieder zurück über seine Geige streichen muss. 2,5 Millionen Mal von links nach rechts. *»No pain, no gain«*, wie der Amerikaner zu sagen pflegt (= ohne Fleiß kein Preis!). Kontinuität und ständige Wiederholung des Erlernten sind Garanten für Ihren Erfolg. Der Troja-Entdecker Heinrich Schliemann (1822–1890) fasste in einem Satz zusammen, was erfolgsbestimmend ist:

»Talent bedeutet Energie und Ausdauer. Weiter nichts.«

Diese Feststellung wird inzwischen von der Wissenschaft bestätigt. Prof. Dr. Andreas Lehmann stellt fest: *»Herausragende Leistungen sind Produkt harter Arbeit.«* In einem Interview sagt er dazu: *»Korrekt ist, dass Menschen, die wir als Ausnahmetalente bezeichnen, nicht als solche auf die Welt kommen. Sie haben ihr Können erworben durch extrem ausdauernde Bemühungen. Der amerikanische Expertise-Forscher Anders Ericsson spricht von zehn Jahren beziehungsweise 10 000 Stunden intensiver Beschäftigung mit einem Fachgebiet, die nötig sind, um auf internationalem Parkett zu bestehen … Die Fertigkeiten, die ein Musiker oder Sportler durch intensive Auseinandersetzung mit seinem Gebiet erwirbt – ein Zusammenspiel zwischen Gehirn und Körper –, sind sehr komplex. Dafür kann es gar kein Gen geben.«*[20]

Zahlreiche Biografien erfolgreicher Persönlichkeiten belegen diese empirische Feststellung eindrucksvoll. Der beste Golfspieler aller Zeiten, Tiger Woods, kam ebenfalls nicht mit einem goldenen Golfschläger zur Welt. Sein golfbegeisterter

Vater gab ihm einen »irdischen« Golfschläger, als der Junior noch in Windeln herumtollte. Auch Mozart hatte großes Glück. Wahrscheinlich konnte er nur deshalb mit fünf Jahren komponieren, weil sein Vater früh sein Talent erkannte und ihn förderte. Mozarts Vater war der beste Musikpädagoge seiner Zeit. Er widmete sich voll der Laufbahn seines Sohnes, brachte ihn mit einflussreichen Musikern zusammen. Die Historiker sind sich sicher, dass keiner damals solche optimalen Voraussetzungen hatte wie Mozart.

In aller Bescheidenheit, genauso will dieses Buch verstanden sein. Die Ausführungen sollen Ihr verkäuferisches Talent fördern. Dass Sie darüber verfügen, steht für mich außer Frage. Selbst wenn Sie schon als TopSeller große Erfolge feiern, erhalten Sie mit den nun folgenden vier Erfolgsfaktoren weitere wichtige Anregungen für noch mehr Umsatz und Gewinn:

Erfolgsfaktor Nummer 1: Persönlichkeit
Erfolgsfaktor Nummer 2: Identifikation
Erfolgsfaktor Nummer 3: Marketing
Erfolgsfaktor Nummer 4: Verkäuferische Fähigkeiten

THINK BY FINK   **KLAUS-J. FINK** TOPSELLING

»Was immer du tun kannst oder zu können glaubst, fang an. In der Kühnheit liegt Genie, Kraft und Magie.«
(Johann Wolfgang von Goethe)

Erfolgsfaktor Nummer 1: Persönlichkeit

1.1 Einstellung und Auftreten

»Eine Persönlichkeit ist der Ausgangspunkt und
Fluchtpunkt alles dessen, was gesagt wird, und dessen,
wie es gesagt wird.«
ROBERT MUSIL

Erinnern Sie sich an das Olympiafinale in Athen über 200 Meter Freistil? Die deutsche Schwimmerin Franziska van Almsick ging als Favoritin an den Start. In dieser Distanz gewann sie bei den olympischen Spielen in Barcelona zwölf Jahre zuvor eine Silbermedaille. Inzwischen hielt sie nicht nur den Weltrekord in dieser Disziplin, sondern gewann auch alle anderen Titel. Allein der »goldene« Olympiasieg fehlte ihr noch. Das wollte sie in diesem Moment ändern. Ein Moment, auf den die Ausnahmeschwimmerin vier Jahre lang hingearbeitet hatte. Vier Jahre harte Arbeit am Limit für einen nur wenige Minuten dauernden Auftritt. Der Startschuss fiel, die Schwimmerinnen sprangen ins Wasser, während der Moderator den Wettkampf theatralisch kommentierte. Der Euphorie wich die Ernüchterung. Franziska van Almsick kam nur als Fünfte ins Ziel und holte keine Medaille. *»Ich bin an dem Erwartungsdruck gescheitert«*, sagte sie nach dem Wettkampf unter Tränen in einem Interview. Später sagte sie noch, welche Gedanken ihr durch den Kopf gingen, während sie auf dem Startblock stand und auf das Signal wartete: *»Hoffentlich ist die ganze Scheiße bald vor-*

bei. Dann bin ich nicht mehr der Mittelpunkt der Nation, dann kann ich endlich wieder ich selbst sein.«

Ihr Schicksal wie das vieler anderer Sportler offenbart ein großes Problem: Spitzensportler gehen körperlich perfekt vorbereitet in den Wettkampf, ansonsten hätten sie kaum eine Chance, an olympischen Spielen teilzunehmen. Die Wissenschaft ist sich inzwischen einig, dass die wenigsten Athleten an ihren körperlichen Fähigkeiten scheitern, sondern an mentalen Barrieren. Schon Boris Becker sagte:

»Das Match wird zwischen den Ohren gewonnen.«

Natürlich muss ein Tennisspieler Tennis spielen, ein Golfer golfen und ein Segler segeln können, gleichzeitig entscheidet immer öfter die persönliche Einstellung über den Sieg. Sämtliches Wissen bringt keinen Spitzensportler ins Ziel, wenn sein Verhalten, und dazu zählen auch die Gedanken, nicht stimmt. Körper, Geist und Seele müssen im Einklang stehen, wenn es um das Erreichen von Zielen geht. *»Ein Tennisspieler muss sich voll auf den Ball konzentrieren, dann blendet er störende Gedanken aus«*, sagt Professor Dr. Hans Eberspächer von der Universität Heidelberg.[21] Und Aladar Kogler, Sportpsychologe am New Yorker Trainingszentrum der US-Nationalmannschaft im Fechten, ergänzt: *»Der Athlet ist am besten, wenn er nicht denkt.«* Das erinnert an den Formel-1-Rennfahrer Sebastian Vettel. In einem Interview sagte der zu dieser Zeit frisch gebackene Weltmeister 2010:

»Hirn aus – Instinkte einschalten. Die Kunst dabei ist,
dein Hirn auszuschalten und automatisch zu fahren, irgendwie
instinktiv.«[22]

Nach Michael Schumacher gewann endlich wieder ein Deutscher die Weltmeisterschaft. Das ist deshalb so bemerkenswert, weil Vettel im letzten Rennen der Saison von allen Titelkandidaten die denkbar schlechtesten Voraussetzungen hatte. Dennoch schaffte er das Unmögliche: Er gewann dieses entscheidende Rennen und wurde Weltmeister. Ein weiterer Beweis, dass es sich lohnt, bis zum »bitteren« Ende zu kämpfen, oder wie es einst Konrad Adenauer formulierte: »*Wenn die anderen glauben, man ist am Ende, so muss man erst richtig anfangen.*« Auch er gewann die Wahl zum ersten Bundeskanzler der neuen Bundesrepublik Deutschland mit nur einer Stimme Mehrheit – es war seine eigene!

Sportler und Verkäufer haben etwas gemeinsam. Beide sind bereit und fähig, über ihre Leistungsgrenzen zu gehen und über sich hinauszuwachsen. Nur wenige Berufsgruppen sind so abhängig von der Beurteilung ihrer Leistungen durch das Umfeld wie Sportler und Verkäufer. Für beide sind sowohl das Wohlwollen als auch die Akzeptanz ihrer Mitmenschen extrem wichtig. Wenn einer wie Sebastian Vettel sagt, es sei wichtig, das Hirn aus- und den Instinkt einzuschalten, dann sagt er damit nichts anderes als das, was Sie bis hierher gelesen haben: Wissen (Hirn) ist im Verkauf nicht entscheidend. Es kommt auf das Verhalten (Instinkte) an.

Das beste Training, die beste Vorbereitung und das beste Vertriebsprogramm laufen ins Leere, wenn es nicht gelingt, seine Gedanken zu sortieren, mehr Emotionen und weniger den Mund sprechen zu lassen. Deshalb lehrt der Essener Sportpsychologe Ulrich Kuhl die Sportler, mögliche Blockaden durch Selbstgesprächsregulation aufzulösen: »*Vereinfacht gesagt, haben wir den Dialog des Athleten mit sich selbst verändert.*«[23]

Henry Ford sagte: »*Ob du glaubst, du kannst es, oder ob du glaubst, du kannst es nicht: Du hast immer recht.*« Unsere innere Einstellung entscheidet über Erfolg und Misserfolg. Wenn Sie daran glauben, dass Sie erfolgreich sind, werden Sie es sein. Diese Feststellung klingt ein wenig flach, dennoch stimmt sie zu 100 Prozent, wie Sie sich selbst schnell beweisen können. Sie sitzen an Ihrem Schreibtisch und rechts von Ihnen in der Ecke steht der Papierkorb. Sie nehmen ein Blatt Papier, knüllen es zu einem Papierball, den Sie nun in den Papierkorb werfen wollen. Achten Sie jetzt auf Ihre Gedanken! Sie haben eine deutlich höhere Trefferquote, wenn Sie gedanklich davon überzeugt sind, den Korb zu treffen. Glauben Sie eher, den Korb nicht treffen zu können, wird genau das viel häufiger eintreten als der finale Treffer!

Wer sich für den größten Versager hält, wird genau das sein. Wie gefährlich negatives Denken wirklich ist, zeigen neueste klinische Studien. Der relativ junge Forschungsbereich »Psychoneuroimmunologie« machte in den letzten Jahren erstaunliche Entdeckungen. Die US-Forscherin Margaret Kemeny konnte in langwierigen Forschungen die unglaubliche Macht des menschlichen Gehirns über den Körper nachweisen. Die Forscherin stellte fest, dass Optimisten nicht nur länger leben, sondern im Besonderen auch eine Kraft entwickeln, schwierigste Lebenssituationen und Krankheiten (!) eher zu bewältigen. Margaret Kemeny behauptet sogar, dass allein die Macht des Gehirns unseren Körper heilen kann.[24] Denn das Gehirn ist in der Lage, Stoffe zu produzieren, die sonst nur in hochpotenten Medikamenten vorkommen.

In einer Langzeituntersuchung der Mayo-Klinik mit mehr als 1500 Teilnehmern konnten die Forscher nachweisen, dass sich im Blut der Optimisten doppelt so viele T- und Killerzellen fanden als bei Pessimisten. Diese Zellen sind die Abwehrwaffen unseres Körpers. Je mehr, desto besser.

Wenn unser Gehirn in der Lage ist, körperliche Leiden zu heilen, um wie viel leichter muss es dann sein, uns von »mentalen Problemen« zu lösen, auf die wir von frühester Kindheit an programmiert sind? Ein Leben lang hören wir: *»Dazu bist du noch zu klein«; »Lass es, das schaffst du doch nicht«; »Besser arm und gesund als reich und krank«; »Wer Geld hat, ist ein schlechter Mensch«* usw. Wer jeden Tag solchen »Müll« hört, muss sich nicht wundern, wenn der Erfolg auf der Strecke bleibt. Überdies jagen tagtäglich mehr als 50 000 Gedanken durch unseren Kopf. Dieser innere Dialog, von Experten auch »Affengeschnatter« genannt, muss gebändigt werden, ansonsten verhagelt er uns viel zu oft die Stimmung. Heute leben wir das Ergebnis unserer Gedanken von gestern, morgen die Gedanken von heute. Somit ist klar, dass es nur einen Augenblick in Ihrem Leben gibt, an dem Sie etwas tun können: jetzt! Wenn Sie es schaffen, sich im Hier und Jetzt zu bewegen, sind Sie viel eher in der Lage, die Herausforderungen zu meistern.

Weniger erfolgreiche Verkäufer haben festgelegte Glaubenssätze, die sie gebetsmühlenartig, fast einem Mantra gleich, wiederholen. Dieser innere Dialog ist der wirkliche Umsatzkiller. Deshalb ist es so wichtig, negative Überzeugungen zu *neutralisieren*. Erfolg beginnt im Kopf. Wie sieht es mit Ihren Überzeugungen aus? Kommen Ihnen diese Aussagen bekannt vor:

- Der Januar ist kein guter Verkaufsmonat. Nach den Festtagen sind viele noch im Urlaub und kommen erst im Laufe des Monats zurück.
- Der Februar ist genauso schlecht, weil in vielen Städten und Gemeinden der Karneval Vorrang hat.

- Im März geht so gut wie gar nichts, denn hier beginnen die Osterferien und viele Entscheider haben sich gedanklich dahin verabschiedet.
- Weshalb im April nichts verkauft werden kann, da hier die Osterfesttage liegen.
- Auch im Mai trifft man auf wenige Verantwortliche. Clever nutzen sie Brückentage zwischen den Feiertagen und genießen ihre Freizeit.
- Von Juni bis September sind in Deutschland Schulferien, weshalb es schon großes Glück ist, überhaupt jemanden anzutreffen.
- Der Oktober ist alles andere als gut. Die kälter und dunkler werdenden Tage drücken aufs Gemüt der Verantwortlichen.
- Das wird im November durch die traurigen Gedenktage wie Totensonntag verstärkt.
- Und im Dezember sind alle mit den Weihnachtsvorbereitungen beschäftigt, sodass auch hier kein Geschäft zu machen ist.

In der Gunst der Ausreden macht alljährlich das »Sommerloch« das Rennen. Weniger erfolgreiche Verkäufer sehen darin einen Grund für das schlechte Geschäft. Ihrer Meinung nach sind zu wenige Menschen vor Ort, denn das Gros ist im Urlaub. Stimmt nicht. Studien haben ergeben, dass gerade einmal ein Fünftel aller Bürger eines Bundeslandes im Urlaub ist. Rund 80 Prozent der Bürger bleiben im Lande und ernähren sich redlich. Also ist Potenzial durchaus vorhanden.

Selbst wenn es Zeiten geben sollte, in denen, oh Wunder, verkauft werden kann, findet diese Spezies von Verkäufern andere Gründe für ihr Versagen. Sie glauben, Lehrer mit Doppelnamen seien genauso eine schwierige Klientel wie Beamte aus Behörden oder die »Halbgötter in Weiß«, also Ärzte. Diese Vorstellungen halten sich hartnäckig.

Wenn Ihnen solche Aussagen und Feststellungen bekannt vorkommen, sollten Sie an Ihrem inneren Dialog arbeiten. Ändern Sie negative Formulierungen in positive, wie zum Beispiel:

- Der Januar ist ein guter Monat. Frisch gewagt ist halb gewonnen. Das alte Jahr ist abgeschlossen, das neue liegt vor uns und bietet eine Fülle an Geschäftsmöglichkeiten.
- Ich liebe den Februar. Da sind meine Kunden froh und ausgelassen. Der Karneval wirkt sich positiv auf ihre Motivation aus.

Mit diesen Formulierungen ignorieren Sie keineswegs die Wirklichkeit, Sie sehen sie nur aus einem ganz anderen Blickwinkel. Und genau deshalb wird sich der Erfolg viel leichter einstellen.

Probieren Sie es aus. Suchen Sie aus Ihrer Interessenten- oder Kundenkartei zehn Lehrer und Beamte mit Doppelnamen oder andere aus Ihrer Erfahrung schwierige Menschen heraus. Nehmen Sie Kontakt zu ihnen auf. Das ist der schnellste und effektivste Weg, negative Überzeugungen zu überwinden. Kontaktieren Sie alle zehn, auch dann, wenn die ersten drei Angerufenen ungehalten reagieren. Wenn Sie alle zehn kontaktiert haben, werten Sie das Ergebnis aus. Entweder werden Ihre bisherigen Vorbehalte bestätigt oder aber Sie erkennen, dass durchaus zwei nette Kontakte dazwischen waren, mit denen Sie nun weitere Gespräche führen können. Selbst wenn es nur ein Kontakt ist, wurden Ihre Vorbehalte gegenüber bestimmten Zielgruppen widerlegt.

»*Euch geschehe nach eurem Glauben*«, so heißt es schon in der Bibel. Stellen wir uns einen Verkäufer vor, der nach obigem Muster handelt und seine Kundenkartei nach zehn Handwerkern durchforstet, die er nun besuchen will. Nach zehn Telefonaten kann er mit allen Gesprächstermine vereinbaren, die er im Laufe der Woche wahrnimmt. Am Ende der Arbeitswoche schaut er stolz auf das Erreichte. Von zehn Handwerkern haben acht einen Auftrag unterschrieben. Wie, glauben Sie, wird sich dieser Verkäufer fühlen? Brust raus, Nase nach oben und ab ins Wochenende. Für ihn ist klar: Es gibt keine bessere Zielgruppe als die der Handwerker.

Ganz anders sähe seine Meinung aus, wenn von diesen zehn Handwerkern nur einer unterschrieben hätte, drei eine Warnung ausgesprochen hätten, beim nächsten Besuch den Hund loszulassen, und die restlichen ihm die Tür vor der Nase zugeschlagen hätten. Er würde in dieser Zielgruppe die größten Idioten sehen. Handwerker würden fortan ein »rotes Tuch« für ihn sein. Wer wollte es ihm verübeln? Ich! Es ist dumm und töricht, für immer und ewig an etwas festzuhalten, nur weil es zu Beginn nicht »rundläuft«.

Jeder Mensch ist Stimmungsschwankungen ausgesetzt. Wann immer wir mit anderen sprechen, wissen wir nicht, unter welchen Umständen und in welcher Stimmung wir sie just in diesem Moment antreffen. Insbesondere dann nicht, wenn wir den ersten Kontakt über das Telefon herstellen wollen. Wer vormittags um 11 Uhr zwecks Kaltakquise zum Telefonhörer greift, weiß nichts von seinem Telefonpartner. Wenn dieser um 7 Uhr morgens schon die Steuerfahndung im Haus hatte, sich dann aber herausstellte, dass sich die Fahnder in der Adresse geirrt hatten, um 8 Uhr die Sekretärin anrief, um sich für den Tag zu entschuldigen, ihm die Ehefrau um 9 Uhr von einem Techtelmechtel mit dem Mitarbeiter aus dem Versand berichtete und um 10 Uhr der Großkunde einen sicher geglaubten Auftrag zurückzog, dann lässt sich mit Fug und Recht behaupten, dass dieser Mensch schon bessere Tage erlebt hat. Ihn in einem solchen Moment um einen Termin zu bitten, um die Möglichkeiten einer steuersparenden Kapitalanlage vorzustellen, wird auf taube Ohren stoßen und nicht selten wird der Hörer wortlos aufgelegt. Im besten Fall. Im anderen Fall wird sich die angestaute Aggression entladen, weshalb Sie den Telefonhörer einen halben Meter vom Ohr entfernt halten müssen.

Das müssen Sie als Verkäufer aushalten. Der Telefonpartner macht ja nicht Sie zum Ziel seiner Aggressionen, sondern die vorherigen Umstände. Dass Sie nun ausgerechnet im falschen Moment am falschen Ort sind, ist, mit Verlaub, Ihr Problem – ein geschäftliches und kein menschliches. Sie dürfen sich durch solche Ereignisse nicht herunterziehen lassen. Haken Sie das Gespräch ab, soweit es überhaupt zustande gekommen ist, und wagen Sie sich an das nächste.

Verkaufen ist eine Herausforderung und durchaus mit dem Spitzensport vergleichbar. Hier wie dort wird den Beteiligten alles abverlangt. Es ist also völlig »normal«, dass Sie als Verkäufer viel öfter auf Ablehnung stoßen werden als auf Anerkennung. Je öfter Sie das zu spüren bekommen, desto größer werden die Schmerzen. Dennoch haben Sie als Verkäufer keine Alternative. Sie müssen das aushalten, wenn Ihnen Ihr Erfolg wichtig ist.

TopSeller *mögen* die Ablehnung der Kunden, weil sie sie zur Hochform auflaufen lässt. Einfach kann jeder, doch nur die Harten kommen durch. Diese konstruktive Einstellung macht den grundsätzlichen Unterschied zum durchschnittlichen Verkäufer aus. Deshalb arbeiten TopSeller kontinuierlich an ihren Einstellungen und Überzeugungen. Jedes Nein stachelt ihren Ehrgeiz an, beim nächsten Mal noch mehr zu geben. Das fällt ihnen leicht, auch wenn es anstrengend ist. Ihre Identifikation mit ihrem Beruf lässt sie die Schmerzen ertragen und die Herausforderungen meistern. Für sie ist Verkaufen eine Berufung. Sie sind eins mit ihrem Produkt. Sie glauben an ihr Unternehmen und sie sind bereit, immer volle Leistung zu bringen. Diese Begeisterung spürt der Kunde, weshalb Gespräche viel einfacher sind.

TopSeller trainieren neben ihren fachlichen und rhetorischen Fähigkeiten natürlich auch ihre mentalen. Das hat so gar nichts mit dem klassischen positiven Denken zu tun. Nicht dass dieses Denken an sich falsch wäre, dennoch löst es kein Problem. Sie verlassen zum Beispiel abends Ihr Büro und hinterlassen einen unaufgeräumten Schreibtisch. Nun können Sie die ganze Nacht positiv denken und einen aufgeräumten Schreibtisch visualisieren: Wenn Sie niemanden zuvor beauftragt haben, den Schreibtisch aufzuräumen, werden Sie ihn am nächsten Morgen so vorfinden, wie Sie ihn verlassen haben. Ein deutliches Zeichen, dass positives Denken allein nicht ausreicht, um Veränderungen herbeizuführen. Das schaffen Sie nur durch mentales Training. Es verbindet Bewusstsein und Denken. Wer sich seiner Stärken bewusst ist, kann seine Ziele realistisch planen und seinen Kopf auf Sieg programmieren.

Es kommt auf die innere Einstellung an und nur selten auf äußere Umstände. Ein Verkäufer mit dem Verkaufsgebiet München hat es natürlich etwas leichter, seine Kunden zu erreichen, als sein Kollege in Ostfriesland, der aufgrund der geringeren Bevölkerungsdichte größere Distanzen zurücklegen muss. Diesen Umstand berücksichtigen die Unternehmen natürlich bei ihrer Vertriebsplanung und passen ihre Vorgaben den Gegebenheiten an. Dennoch sehen sich viele Verkäufer im Nachteil und schauen neidisch auf die »guten« Verkaufsgebiete ihrer Kollegen. Nachbars Rasen ist bekanntlich immer grüner.

Ob schwierige Zielgruppe, falsche Zeit oder ungünstiges Verkaufsgebiet: Der weniger erfolgreiche Verkäufer findet seine den Erfolg verhindernden Glaubenssätze dort, wo er sie benötigt. Der TopSeller kennt solche Glaubenssätze nicht. Und sollte sich einmal ein negativer Gedanke einstellen, dann ist er in der Lage, ihn so umzudeuten, dass er keinen Schaden anrichten kann. TopSeller wissen, dass Glaubenssätze geprägt werden durch die eigene Sichtweise. Diese wiederum ergibt sich aus den Erfahrungen und den daraus abgeleiteten Erkenntnissen.

Wer davon überzeugt ist, dass andere im Vorteil sind, wird immer schlechtere Ergebnisse erhalten. Er sieht sich als Opfer und er wird damit zum Opfer. Diesen Umstand beschreibt die Pygmalion-Theorie. Diese Theorie stellte der amerikanische Wissenschaftler Robert Rosenthal Ende der 1960er-Jahre auf.[25] Nach einer Reihe von Untersuchungen stellte er fest, dass die Macht der Erwartungen, die zum Beispiel Lehrer an lernende Menschen stellen, so groß ist, dass durch sie alleine schon deren Verhalten beeinflusst werden kann. Es zeigte sich, dass sich Lehrer noch so sehr bemühen können, ihre Einstellung in Gegenwart des Schülers zu verbergen, dieser wird auftretende Widersprüche intuitiv erfassen. Hier haben wir die berühmte »sich selbst erfüllende Prophezeiung«. Wenn Verkäufer davon überzeugt sind, ihre Kollegen hätten die besseren Startbedingungen als sie, dann werden sie tatsächlich deutlich schlechter abschneiden als ihre Kollegen. Wenn sie glauben, dass ihre Kunden ungerecht, nur auf der Suche nach günstigen Preisen und frech sind, dann werden diese Verkäufer genau diese Kunden bekommen.

Sie haben es bereits mehrfach gelesen, dass es nicht nur darauf ankommt, was Sie sagen, sondern wie Sie es sagen. Das registriert Ihr Gesprächspartner sehr genau. Er spürt und »riecht«, ob Sie eine »ehrliche Haut« sind. Wissenschaftler haben herausgefunden, dass wir auch auf chemischem Weg kommunizieren. Eine Arbeitsgruppe um die Düsseldorfer Wissenschaftlerin Bettina Pause vom Institut für Experimentelle Psychologie an der Heinrich-Heine-Universität fand heraus, dass Menschen die Angst eines anderen auf chemischem Weg wahrnehmen. Der Geruch von Angst regt die Regionen im Gehirn an, die für Einfühlungsvermögen und das Erkennen von Angstzuständen zuständig sind.[26]

Erstaunlich ist, dass dies auf feinstoffliche Art stattfindet, das heißt, der andere muss den Geruch noch nicht einmal bewusst wahrnehmen, um zu erkennen, dass Sie Angst haben. Daraus folgt, dass Verkäufer an »ängstlichen« Tagen besser zu Hause bleiben und nicht die Nähe zu anderen Menschen suchen sollten. Leicht gesagt, schwer umgesetzt. Angst hat verschiedene Gründe, es kann sich auch um die Angst handeln, die Umsatzvorgaben in einem Monat nicht zu schaffen. Da wird wohl kaum ein Verkäufer zu Hause bleiben, um seine Angst zu bekämpfen. Stattdessen wird er den Verkaufsdruck erhöhen. Druck erzeugt Gegendruck, weshalb diese Verkäufer vermutlich nur geringe Chancen haben, ihrem Ziel näher zu kommen.

Zur richtigen Einstellung gehört natürlich auch das richtige Auftreten. In einer Studie konnte nachgewiesen werden, dass

Finanzberater von Kunden eher akzeptiert werden, wenn sie entsprechend gekleidet sind. In der Einleitung wurde diese Erwartungshaltung schon angesprochen. Deshalb trägt der Finanzberater Anzug und Krawatte und keinen Blaumann, so wie der behandelnde Chefarzt einen weißen Kittel trägt und keinen schwarzen Anzug. Überdies legen TopSeller den allergrößten Wert auf ihre Schuhe. Nicht die Krawatte legt das Niveau des Outfits fest, sondern die Schuhe. Ein Paar Designerschuhe können die Optik eines billigen Anzugs überdecken. Anders herum funktioniert es nicht. Ein hochwertiger Designeranzug kommt nur mit den richtigen Schuhen zur Geltung. Teurer Anzug und billige Schuhe sind ein absolutes »No-Go«.

»Wie du kommst gegangen, so wirst du empfangen«, sagt ein deutsches Sprichwort. Wer mit ausgetretenen Schuhen, Strumpfhose mit Laufmasche oder weißen Socken einem Kunden gegenübertritt, darf sich nicht wundern, wenn dieser ihm seine herrlichen Verkaufsversprechen nicht abnimmt. Menschen wollen sich mit erfolgreichen Menschen unterhalten, und das lässt sich neben der Sprache im Wesentlichen am »nicht Gesagten« festmachen. Wie diese Kenntnis in der Praxis umgesetzt wird, zeigt das Beispiel der UBS-Bank, die im Herbst 2010 einen strikten Dresscode für ihre Angestellten erließ. Die Mitarbeiter bekamen ein 40-seitiges Nachschlage- und Regelwerk ausgehändigt, wie sie sich zu kleiden haben. Als Begründung für diese Maßnahme führt die Bank die Finanzkrise an, durch die sie schwer gebeutelt wurde. Nun gilt es, den Ruf wiederherzustellen. Dazu heißt es in der Pressemitteilung der Bank:

> *»Die Bekleidungsvorschriften helfen mit, um bei unseren Kunden einen professionellen und stilvollen Eindruck der Mitarbeiter zu hinterlassen.«*[27]

»*Kleider machen Leute*«, sagt eine Redensart, die häufig missverstanden wird. Inkompetenz kann nicht mit Kleidung kaschiert werden. Wer nach der Methode »*außen hui, innen pfui*« werkelt, wird selbst mit dem teuersten Outfit auf Dauer keinen Erfolg haben. Beides muss stimmen: innen wie außen.

THINK BY FINK

 KLAUS-J. FINK TOPSELLING

TopSeller sind Schöpfer, nie Opfer. Sie schaffen die Umstände, die sie wollen, und nicht die, die sie unterkriegen.

1.2 Psychische Stabilität

»Anstrengungen machen gesund und stark.«
MARTIN LUTHER

Dem chinesischen Philosophen Konfuzius (551−479 vor unserer Zeitrechnung) wird folgende Feststellung zugeschrieben:

»Begegnest du jemandem, der ein Gespräch wert ist, und du versäumst, mit ihm zu reden, dann hast du einen Menschen verfehlt. Begegnest du jemandem, der kein Gespräch wert ist, und du redest mit ihm, dann hast du deine Worte verfehlt. Weise ist, wer stets den richtigen Menschen und die richtigen Worte findet.«

Den »richtigen« Menschen zu finden, danach streben Verkäufer allenthalben. Weil dieser ihnen nicht auf einem Silbertablett serviert wird, müssen sie das tun, wovor die weniger erfolgreichen Verkäufer zurückschrecken wie der Teufel vorm Weihwasser: Akquise. Sie drehen und winden sich, wenn es darum geht, Kontakt zu potenziellen Käufern aufzunehmen. Nur zaghaft greifen sie zum vermeintlichen Feind aller Verkäufer: dem Telefon. Diese Errungenschaft der Technik treibt vielen den Schweiß auf die Stirn. Sie nähern sich ihm wie ein Bauer einem ausgewachsenen Stier. Ganz langsam und in kleinen Schritten. Haben sie sich Minuten später überwunden,

den Hörer abzunehmen, dauert es noch einige Zeit, bis dieser den Weg zur Ohrmuschel gefunden hat. Außenstehenden drängt sich der Eindruck auf, dieser Hörer wiege mehrere Kilo. Zaghaft und ohne Eile wird die Telefonnummer eingetippt. Das Freizeichen ertönt, einmal, zweimal, dreimal, viermal – dann legen sie den Hörer auf die Gabel zurück. Sie wischen sich den Schweiß von der Stirn und sind froh, niemanden angetroffen zu haben. Das aber würden sie sich nie eingestehen. Stattdessen beruhigen sie ihr Gemüt (= innerer Dialog), immerhin alles versucht zu haben. Einzig Fortuna habe ihre Hand nicht im Spiel gehabt. Nur deshalb ging der Angerufene nicht ans Telefon. Dagegen haben diese »Möchtegern-Aktiven« kein Problem, zum Hörer zu greifen, wenn sie den Freund auf ein Bier einladen wollen.

Eine Einladung auszusprechen ist leicht, einem Fremden eine Zusammenarbeit anzubieten, scheint schwerer zu sein, als den Mount Everest zu besteigen. Deshalb versuchen es die meisten erst gar nicht und sind froh, wenn der Angerufene nicht ans Telefon geht. Woran liegt es nur, dass sich quer durch alle Gesellschaftsgruppen und Branchen die Verhaltensmuster gleichen?

Es ist die Angst vor der Ablehnung, die schon jungen Leuten in den Knochen sitzt. Es fällt ihnen schwer, den Partner ihrer Träume anzusprechen. Wir Menschen sind soziale Wesen und wir gieren wie keine zweite Spezies nach Anerkennung. Weiter vorne konnten Sie lesen, dass die Deutschen jährlich mehr als 70 Milliarden Euro für Fashion ausgeben. Ganz bestimmt nicht deshalb, weil »*Mode so unerträglich hässlich ist, dass wir sie alle Halbjahre ändern müssen*«, wie Oscar Wilde (1854–1900) es sah, sondern weil die Menschen sich selbst und vor allen Dingen dem anderen Geschlecht gefallen wollen. Sie buhlen um Anerkennung.

Diese Sucht nach Anerkennung begleitet uns Menschen ein ganzes Leben. Erinnern Sie sich noch an Ihren letzten Sommerurlaub? Wie haben Sie den Großteil Ihrer Urlaubstage verbracht? Kann es sein, dass Sie sich überwiegend in die Sonne gelegt haben? Oder haben Sie sich die Zeit genommen, Land und Leute kennenzulernen? Letzteres ist aus meiner Sicht mitunter spannender, als sich acht Stunden von der südlichen Sonne toasten zu lassen. Und doch gibt es Urlauber, die genau das tun, nicht nur, um braun zu werden. Ihnen geht es darum, nach der Rückkehr in ihre Heimat mit ihrer Sommerbräune vor jedermann zu glänzen. Ein jeder soll zum einen das neue Outfit bestaunen und zum anderen sehen, dass genügend Geld vorhanden ist, um sich diesen Urlaub unter südlichen Palmen leisten zu können. Dieses »Balzverhalten« ist indes nichts anderes als das Streben nach Anerkennung.

Haben Sie eine Vorstellung davon, was in einem sonnengebräunten Menschen vorgeht, wenn diese Anerkennung ausbleibt? Wie würden Sie sich fühlen, wenn Sie brauner als der beste Kaffee zurück an Ihren Arbeitsplatz kommen und kein Mensch Sie auf Ihre neue Bräune anspricht? Gibt es etwas Frustrierenderes? Auch viele Männer wissen, wie »ungerecht« das Leben sein kann. Sie haben sich das neueste Automodell gekauft und fahren damit als Erstes freudestrahlend zu Freunden und Bekannten. Demonstrativ wird das Auto für jedermann sichtbar vor der Eingangstür geparkt. Die Haustür öffnet sich, es folgt eine überschwängliche Begrüßung, aber niemand erwähnt auch nur mit einem Wort das neue Auto, obwohl es direkt ins Auge sticht. Diese Geste kommt beim autobegeisterten Mann einem »Stich ins Herz« gleich.

Das Streben nach Anerkennung haben wir Menschen geerbt. Wie sonst könnten all die Tauschbörsen dieser Welt leben, an denen Überraschungseierfiguren genauso getauscht werden wie Bierdeckel, Briefmarken und Kugelschreiber? Vielleicht ist das ein Erbe aus der Steinzeit, als sich der Mensch als Jäger und Sammler durchschlug. Männer waren zu diesen Zeiten Jäger und Frauen Sammlerinnen. Heute sammeln auch Männer. Sie tun es, um sich damit Anerkennung zu verschaffen. Wenn sie im Besitz einer Briefmarke sind oder einer Figur aus einem »Ü-Ei«, die andere nicht haben, erfahren sie in ihrer Bezugsgruppe eine beispiellose Anerkennung. Hier ist der »kleine« Mann plötzlich ganz groß.

Das Nicht-Würdigen von Leistungen, die Ablehnung oder das Nein eines Kunden verletzt uns – wenn auch nicht immer bewusst. Vieles verarbeiten wir unbewusst, und genau da wirkt es viel stärker. Deshalb ist die zentrale aller Fragen, die sich ein Verkäufer selbst stellen muss: »*Wie viel Ablehnung, wie viele Nein kann ich ertragen?*«

Menschen wollen Sieger sehen und keine Luschen. Es war der 21. Juli 1969, als der erste Mann auf dem Mond landete. Sicher erinnern Sie sich noch an seinen Namen: Neil Armstrong. Sein Name ist in allen Geschichtsbüchern dieser Welt verewigt. Nur eine Minute später betrat ein zweiter Mann den Erdtrabanten. Wissen Sie noch, wie er hieß? In diesem Fall gehören Sie zu den wenigen Menschen, die sich auch den »zweiten Sieger« merken können. In aller Regel nämlich werden diese vergessen, obwohl sie ähnliche oder gleiche Leistungen erbrachten. So auch bei Edwin »Buzz« Aldrin. Er war es, der kurz nach Armstrong auf den Mond hüpfte. Im Jahre 2003 jährte sich zum 50. Mal die Erstbesteigung des Mount Everest. Wir alle erinnern uns nur zu gut an den ersten Menschen auf dem »Dach der Welt«. Es war der Neuseeländer Sir Edmund Hillary. Doch Hillary stand dort oben nicht ganz allein. Ihm folgte der »zweite Bezwinger« des Giganten, und zwar Tenzing Norgay. Gefeiert aber wurde Hillary, und nur sein Name steht in den Geschichtsbüchern. Ungerechte Welt, oder? Wohl kaum. Denn die Botschaft dieser Vergleiche ist klar: *Menschen lieben Sieger!*

Deshalb wollen sie auch immer Sieger sein. Dieses Streben ist tief verwurzelt in der menschlichen Entwicklungsgeschichte. Die ersten Menschen waren viel zu schwach, als dass sie große Tiere jagen und erlegen konnten. Ihnen blieb nichts anderes übrig, als sich mit den Aasfressern um die zurückgebliebenen Kadaver zu streiten. Dem Ersten, dem es gelang, sich diesen Kadaver zu sichern, stand der größte Happen zu. Die anderen aus der Horde mussten sich um den Rest der Beute streiten. Forscher der Harvard-Universität konnten in zahlreichen Studien nachweisen, dass sich das männliche Sexualhormon, das Testosteron, kurzfristig erhöht, sobald sich der Mensch im Siegestaumel befindet, was ihn zusätzlich zu Bestleistungen motiviert. Dies macht deutlich, dass Sieger belohnt werden, und das in mehrfacher Hinsicht. Frauen lieben starke Männer, damals wie heute. Es liegt auf der Hand, dass die attraktivsten Frauen sich seit jeher die mächtigsten Männer angelten; zum einen wegen ihrer Ausstrahlung und natürlich als »Beschützer«. Siegertypen profitieren in allen Lebenslagen von ihrem Erfolg.

Die Gesetzmäßigkeiten aus der Welt der Sieger lassen sich auf die Geschäftswelt übertragen. Auch Kunden wollen nur von Siegern kaufen. Dabei gibt es gerade im Verkäuferberuf davon viel zu wenige. Es gelingt nur sehr wenigen, die Herausforderungen dauerhaft zu meistern. Allein die Tatsache, dass sie mit jedem weiteren Berufsjahr von den Kunden immer mehr Nein hören, verkraften viele Verkäufer nicht. Sie begnügen sich daher lieber mit dem bekannten Spatz in der Hand, statt nach der Taube auf dem Dach Ausschau zu halten. Ganz im Gegensatz zu TopSellern, die im Nein ihrer Kunden keine Niederlage, sondern Ansporn sehen. Sie haben sich für diesen Beruf entschieden und akzeptiert, dass sie mehr Ablehnung als Anerkennung erfahren. *»Ich kaufe nichts«; »Wir haben schon alles«; Ich habe keine Zeit für Sie«, »Gehen Sie mir vom Acker«, »Verschwinden Sie«,* das sind nur einige der vielen Wortattacken, mit denen es ein Verkäufer täglich zu tun hat. Er hört diese und viele andere Ablehnungen viel öfter als »Liebesbekundungen«: *»Schön, dass Sie da sind«; »Toll, dass Sie sich die Zeit für mich nehmen«; »Danke für Ihr Angebot«; »Danke für das Gespräch«.*

Studien haben herausgefunden, dass zum Beispiel Verkäufer für Staubsauger mehr als 40-mal ein Nein hören, bis sie ein Ja bekommen. Deshalb empfehlen vorausschauende Vertriebsleiter ihren Vertretern, in einem Mehrfamilienhaus mit der Kaltakquise im obersten Stockwerk zu beginnen. Dadurch brauchen sie beim Verlassen des Hauses nicht an den vorherigen Wohnungstüren vorbeizugehen, an denen sie zuvor abgewiesen wurden. Sich an Misserfolge erinnern zu müssen, verstärkt den Schmerz der Ablehnung nochmals.

Und dann gibt es Menschen, die den Schmerz mögen. Nein, ich denke hier nicht an Sadomasochismus oder ähnliche Spielchen, sondern an erfolgreiche Persönlichkeiten, die ihren Aufstieg nicht verklären, sondern bei der Wahrheit bleiben. So wie der einstige Bodybuilder und kalifornische Gouverneur Arnold Schwarzenegger:

»Die letzten drei oder vier Wiederholungen lassen den Muskel wachsen. Dieser schmerzhafte Bereich trennt den Gewinner von jemandem, der kein Gewinner ist. Das fehlt den meisten

Menschen. Sie haben nicht den Mut, weiterzumachen und zu sagen, dass sie den Schmerz ertragen werden, ganz gleich, was passiert.«[28]

Auch wenn es hart klingt, die Widrigkeiten, die Ablehnung und der Schmerz, die Verkäufer im Tagesgeschäft erfahren, sind gut, denn hier trennt sich die Spreu vom Weizen. Der Umgang mit diesem Seelenschmerz unterscheidet den TopSeller vom Amateur. Profi-Verkäufer sehen in schwierigen Kunden kein Problem, sondern die Chance, sich von anderen abzuheben, die schon beim geringsten Gegenwind die »Segel streichen«. Profis brauchen die Herausforderung, so wie seinerzeit Arnold Schwarzenegger. Seinen muskulösen Körper formte er durch Widerstände in Form von Hanteln und Ähnlichem. Je größer die Widerstände, desto effizienter ist der Muskelaufbau. Mit Löffelverbiegen ist so etwas nicht zu schaffen.

THINK BY FINK

 KLAUS-J. FINK TOPSELLING

Wer sich über schwierige Kunden und Einwände beklagt, gleicht einem Arzt, der Unmut zeigt über die Krankheiten seiner Patienten.

1.3 Höfliche Hartnäckigkeit

»Erfolgsmenschen sind leicht zu erkennen.
Sie haben blaue Flecken an den Ellenbogen.«
<small>RUDOLF PLATTE</small>

Wenn Sie Mutter oder Vater eines Kindes sind, dann erleben Sie mit jedem Einkauf ein persönliches Waterloo, also eine Schlacht, die Sie selten gewinnen können. Spätestens vor der Supermarktkasse raschelt der Angreifer mit den Säbeln, wähnt er sich doch in einer guten Ausgangsposition. Seine Helfer haben das Schlachtfeld fein säuberlich präpariert, während Sie schutzlos dem nun folgenden Angriff ausgesetzt sind. Seine Helfer, das sind die Verkäufer im Supermarkt, die die ungesunden Dinge an der Kasse exakt so positioniert haben, dass jedes Kind zwangsläufig danach greifen muss. Mit dem Schlachtruf *»Papa, bekomme ich einen Lutscher?«* wird der Angriff eröffnet. *»Nein!«* *»Ich will aber einen Lutscher!«* *»Heute bekommst du keinen.«* *»Bitte, Papi, kauf mir nur einen Lutscher. Ich habe heute noch nichts Süßes gehabt.«* Während Sie diskutieren und die Einkäufe auf das Band legen, geht der Angriff weiter: *»Bitte, Papi, nur das eine Mal.«* *»Nein!«* *»Warum denn nicht?«* *»Darum nicht.«* *»Ich will aber einen Lutscher.«* *»Nun hör mir mal gut zu. Ich habe Nein gesagt und dabei bleibt es auch. Also frage bitte nicht weiter.«* Jetzt verbündet sich die Kassiererin. Blickkontakt! Ein Lächeln! Dann Blickkontakt zu Ihnen: *»Die Kleine weiß, was sie will. Daran werden Sie* *noch lange Freude haben.*« Während sie das so sagt, packen Sie die gescannten Artikel in den Einkaufswagen und hören das nächste Fanfarenfeuer: *»Papi, kriege ich nun den Lutscher?«* »*Herrschaftszeiten, aber nur einen!«* Somit haben Sie diese »Schlacht« verloren, während Ihr Kind als Sieger hervorgeht und den Lutscher wie eine Trophäe demonstrativ zur Schau stellt.

Hartnäckigkeit zahlt sich eben aus. Als Kind wissen wir das. Wir bleiben so lange am Ball, bis wir Erfolg haben. Kinder verschwenden keinen Gedanken daran, dass sie mit ihrem Ansinnen scheitern könnten. Das scheint in diesem frühen Stadium des Erwachsenwerdens noch nicht vorgesehen zu sein, weshalb sie felsenfest davon überzeugt sind, das zu bekommen, wonach ihr Herz begehrt. Diese Hartnäckigkeit in Verbindung mit positiven Glaubenssätzen scheint sich mit den Jahren irgendwie zu verflüchtigen. Wie sonst ist es zu erklären, dass Erwachsene in einem Nein eine persönliche Ablehnung und keine Herausforderung zu weiteren Aktivitäten sehen?

Wie steht es um Ihre Hartnäckigkeit? Wenn Sie sich auf einer Skala von 1 bis 10 (extrem hartnäckig bis Weichei) einschätzen sollten, wo würden Sie sich sehen:

Meine Hartnäckigkeit:

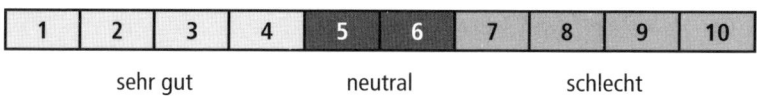

Wie oft haben Sie von einem Kunden gehört: *»Sie sind aber hartnäckig«; »Sie lassen wohl nie locker?«*? Noch nie? Nun, da können Sie mal sehen, welche Reserven Sie noch mobilisieren können in puncto Hartnäckigkeit.

Erfinder und TopSeller haben etwas gemeinsam: ihre Hartnäckigkeit. Auf dem Weg zum Erfolg lauern viele Gefahren und Hindernisse, die nur der überwindet, der sein Ziel nicht aus den Augen verliert. Dass Menschen dazu fähig sind, können wir täglich aufs Neue beobachten. Die Dinge, die wir heute wie selbstverständlich nutzen, entspringen zum einen dem schöpferischen Geist kreativer Menschen. Zum anderen sind sie ihrer Hartnäckigkeit zu verdanken, Widerstände zu überwinden, um ans Ziel zu kommen. Sie ließen sich nicht von Rückschlägen entmutigen, so wie zum Beispiel der englische Erfinder, Unternehmer und *Verkäufer* James Dyson. Ohne die Sicherheit eines zahlenden Arbeitgebers im Rücken bastelte er an mehr als 5000 Prototypen eines beutelfreien Staubsaugers. Nachdem das Gerät serienreif war, tingelte er von 1981 bis 1984 durch Europa und Amerika, um einen Abnehmer und Hersteller zu finden. Dazu führte er Gespräche mit AEG, Elektrolux, Vorwerk, Black & Decker, Hoover und Zanussi.[29] Größtenteils stieß er auf Ablehnung. Kamen dennoch Verträge zustande, wurden einige später wieder storniert. Was folgte, waren kostenträchtige Gerichtsverfahren. In seiner Autobiografie[30] schreibt der damals 37-jährige Vater dreier Kinder, dass er pleite, depressiv und am Verhungern war. Dann kam der Durchbruch, der schlagartig die Hungerjahre der Familie Dyson beenden sollte. Für mehr als eine Million Euro verkaufte er die Nutzung seiner Erfindung an ein japanisches Unternehmen. Mit diesem Geld gründete er sein eigenes Unternehmen. Zwei Autostunden von London entfernt steht inzwischen ein großartiges Forschungs- und Entwicklungszentrum. Dort arbeiten rund 500 Ingenieure und Wissenschaftler für James Dyson, um innovative Produkte zu erfinden und zu entwickeln. Weitere 300 Ingenieure sind in Malaysia, China und Singapur beschäftigt. Dyson beweist: Hartnäckigkeit zahlt sich aus!

TopSeller gehen genauso hartnäckig und selbstsicher ihren Weg wie dieser erfolgreiche Unternehmer, der laut Forbes-Liste zu den Reichsten der Welt zählt. Sie legen Ausdauer und unnachgiebige Zielstrebigkeit an den Tag. Das bedeutet nicht, dass sie blind dem eingeschlagenen Weg folgen. Sie sind vorsichtig und auf der Hut. Wie eine Katze schauen sie immer wieder nach rechts und links, geradeaus und zurück. Sie richten ihre Sinne aus, um im geeigneten Moment das Richtige zu tun. Eine Strategie, die heute funktioniert, kann morgen überholt sein. Deshalb überprüfen TopSeller laufend ihre Kundenansprache, genauso wie ihr Vorgehen und Verhalten im Kundengespräch. Fehlschläge werden als das gesehen, was sie sind: Hinweise und Prüfungen.

»Mit jedem Fehlschlag«, so Thomas A. Edison, *»sind wir einen Schritt näher am Erfolg«.* Dieser geniale Erfinder meldete nicht nur mehrere tausend Patente an, sondern gründete auch ein Unternehmen, das als einziges von der ersten Stunde an im Dow-Jones-Aktienindex an der New Yorker Wall Street notiert war (General Electric) und heute noch zu den Big Playern in der Welt zählt. Dabei musste er viele Rückschläge einstecken, bevor sich die ersten Erfolge einstellten. So ist zu lesen, dass er mehrere Hundert Versuche durchführte, um eine Glühbirne zum Leuchten zu bringen. Wissen und Talent sind wichtig, aber ohne Ausdauer und »Verbissenheit« geht es nicht. *»Ich bin nicht entmutigt, weil jeder als falsch verworfene Versuch ein weiterer Schritt vorwärts ist«*, das war eine der Devisen Edisons.

Hartnäckigkeit dürfen Sie nicht gleichsetzen mit Belästigung. Kunden wollen nicht bedrängt werden. Sie wollen vielmehr auf höfliche, freundliche und charmante Weise umworben werden. Das ist eigentlich nichts Neues, zumindest aus Sicht von uns Männern. Schließlich will jede Frau umworben werden. Ein Mann, der sich bei der ersten Frau einen Korb holt und gleich die nächste »anbaggert«, verringert seine Chancen mit jedem weiteren Kontakt. Ein Nein, egal ob im Verkauf, im Leben oder beim anderen Geschlecht, steht nicht als Synonym für eigenes fehlerhaftes Verhalten. Eher steht es für »*Noch ein Impuls nötig*«.

Wir haben es mit Menschen zu tun. Wir sind einzigartig. So einzigartig, dass es nichts gibt, was sich auf Mensch reimt. Deshalb hat jeder seine eigene Sicht der Dinge. Ihr Rückzug aus Anstand kann auf den anderen wie eine Beleidigung wirken. Wer zu früh aufgibt, läuft Gefahr, dass sich Kunde oder Gesprächspartner beleidigt fühlen. Unbewusst fragen sie sich, ob sie so uninteressant sind, dass Sie als Verkäufer noch nicht einmal nachhaken, um sich nach dem zuvor abgegebenen Angebot zu erkundigen. Ihre höfliche Hartnäckigkeit verhindert somit, dass sich Ihre Kunden derart vernachlässigt fühlen.

Deshalb ist es so wichtig, sich um seine Kunden zu kümmern. Egal, ob Sie als TopSeller im Business-to-Consumer-Bereich (B2C) – Unternehmen und Privatperson (Konsument) – tätig sind oder im Business-to-Business-Bereich (B2B) – Unternehmer und Unternehmer. Wobei sich die Anforderungen im B2B wesentlich von denen im Konsumgüterbereich unterscheiden. Die Komplexität von Produkten und Dienstleistungen erlaubt es den Entscheidern nur selten, kurzfristig zu wechseln. Überdies sind die Beziehungen zwischen den Einkäufern und den Verkäufern häufig über Jahre gewachsen, sodass es »neue« Verkäufer schwer haben, dieses Band der Sympathie zu durchbrechen. Schwer heißt nicht unmöglich. Gute Produkte und Dienstleistungen, ein überzeugendes Konzept und höfliche Hartnäckigkeit öffnen die Tür mit jedem Schritt ein Stückchen weiter. Auch hier lernen TopSeller von Thomas A. Edison:

»Unsere größte Schwäche liegt im Aufgeben. Der sicherste Weg zum Erfolg ist immer, es noch einmal zu versuchen.«

THINK BY FINK

 KLAUS-J. FINK TOPSELLING

Verkäufer werden fürs Durchhalten und nicht fürs Aufgeben bezahlt.

Erfolgsfaktor Nummer 2: Identifikation

2.1 Brennen vor Leidenschaft

*»Pflanze die Liebe zum Segelschiff ins Herz deines Volkes
und es wird dir alle Inbrunst aus seiner Erde saugen, um sie
in Segel zu verwandeln.«*
ANTOINE DE SAINT-EXUPÉRY

Dieter Krebs, sicher einer der begnadetsten Komiker Deutschlands, der leider viel zu früh verstarb, spielt in einem Sketch
einen hochmotivierten Verkäufer in einem Baumarkt. Als ein
Kunde nach einer 80 cm langen Gardinenstange fragt, muss
Dieter passen. Eine solche habe er nicht im Programm. Deshalb empfiehlt er, eine 90 cm lange Stange zu nehmen, die
dann entsprechend gekürzt wird. Der Kunde willigt ein. Als
Dieter dann fragt, wie er diese Stange zu befestigen geden-
ke, meint der Kunde, er müsse hierzu seine Frau fragen. Da-
raufhin wird er von Dieter gemaßregelt, schließlich müsse ein
Mann eigenständig Entscheidungen treffen können, weshalb
Dieter einige wertvolle Ratschläge erteilt, wie die Stange am
besten zu montieren sei. Wenn Sie diese Szene im Sketch sehen, werden Sie sich vor Lachen biegen. Es ist nicht nur der
folgende Monolog, sondern auch der Verkäufer an sich, der
das Zwerchfell strapaziert: *»Nehmen Sie 'ne 70er, dann können
Sie ein 18er-Verlängerungsrohr dranflanschen oder 'ne 90er absägen
und mit 'ner genormten Endschelle bündig verschließen … Passen
Sie mal auf. Sie bohren da ein Sechser-Loch, eine Handbreit neben*

dem linken Rahmen, und drehen einen Achter-Dübel bündig in den abgewinkelten Flansch. Danach verbinden Sie das Ganze mit der Muffe vom Verlängerungsstück und drücken den Sporn in die dafür vorgesehene Nut ... Sie müssen nur aufpassen, dass Sie die Holzzarge mit einem Vierkantschlüssel festklemmen, ansonsten rutscht Ihnen die Zwinge vom Verlängerungsrohr auf den Flansch. Dann drehen Sie die Mutter auf die Narbe und winkeln sie linksbündig in die Befestigungsrille des werkseitig angeriffelten Verlängerungsrohrs. Was soll ich Ihnen nun bringen? Die 70er mit Muffe oder die genormte 90er zum Abwinkeln mit eingepasster Mutter und bündig abschließender Verlängerungsrille?«[31]

Ein solches »Verkaufsgespräch« ist natürlich mehr als kontraproduktiv, doch lässt es erkennen, was es heißt, sich zu 100 Prozent mit seinem Beruf zu identifizieren. Ob Gardinenstange als Low-Budget-Produkt oder eine Lebensversicherung mit fünfstelliger Monatsprämie, nur wer wirklich »brennt« und hinter seinem Angebot steht, kann bei anderen das Feuer der Begeisterung entfachen. Das sagte schon einer der bedeutendsten christlichen Kirchenlehrer, Augustinus von Hippo (354–430):

»In dir muss brennen, was du in anderen entzünden willst.«

Erfolgreiches Handeln hängt von persönlichen Überzeugungen ab. Nach diesem Credo leben TopSeller. Der zweite von vier Erfolgsfaktoren berührt diese Überzeugung: Spitzenverkäufer identifizieren sich mit ihrer Tätigkeit, sie lieben das Verkaufen als Berufung, sie sind eins mit ihren Produkten und Dienstleistungen und glauben an ihr Unternehmen. So wirken sie auf Kunden authentisch und erreichen ein Höchstmaß an Glaubwürdigkeit und Souveränität.

Es soll sie geben, die Verkäufer, die keinen Spaß an ihrer Arbeit haben. Sie hassen den Dienst am Kunden genauso wie die Akquisition. Bei ihnen ist der Identifikationsfaktor kleiner als null. Das ist insofern bitter, als dass sich sonst alles erlernen lässt. Sie können Verkäufer auf die besten Seminare der Welt schicken, es gibt nichts, was man ihnen nicht beibringen könnte. Bis auf eines: die Identifikation (lat. *idem:* »derselbe«, *facere:* »machen«), was wörtlich übersetzt »gleichsetzen« heißt. In der psychologischen Betrachtung verbirgt sich hinter diesem Begriff das Einfühlen in eine andere, real existierende Person. Deshalb ist Identifikation nicht auf Knopfdruck verfügbar, sie muss sich entwickeln.

Kleine Kinder identifizieren sich zunächst mit ihren Eltern, später mit Gleichaltrigen. Als Jugendliche hängen sie Fanposter ihrer Idole an die Wand. Diese verschwinden spätestens im Erwachsenenalter, nicht aber die Bereitschaft, sich weiterhin mit anderen zu identifizieren. 50-Jährige begeistern sich für ihren Fußballverein genauso wie 60-Jährige für ihren Lieblingsmusiker. Diese Identifikation wünschen sich Unternehmer von ihren Mitarbeitern, vergessen aber, dass sie diesbezüglich eine Bringschuld haben. Sie müssen ihrem Team vorleben, wofür ihr Unternehmen steht. Die »Story des Unternehmens« ist wichtig. Identifikation muss erarbeitet werden. Erfüllen Sie als Führungskraft Ihre Bringschuld und Sie nutzen den stärksten Motivationsturbo, den es gibt. Die amerikanische Unternehmensberatung Towers Perrin hat weltweit rund 86 000 Mitarbeiter befragt, was sie motiviert, ihre Kraft und Kreativität in ihre Arbeit zu stecken.[32] Die monetäre Vergütung landete bei den deutschen Arbeitnehmern nicht einmal auf einem der ersten zehn Plätze. Für deutsche Arbeitnehmer sind Karriere- und Entwicklungsmöglichkeiten sehr wichtig. Hoch motivierte Arbeitnehmer streben nach Verantwortung und Möglichkeiten, Arbeitsprozesse aktiv beeinflussen zu können. Sie fordern klare Zielvorgaben, an denen ihre Leistung gemessen werden kann. Doch die größte Motivation rührt daher, dass die Unternehmensführung Interesse an ihren Mitarbeitern zeigt.

Zu diesem Ergebnis kommt auch eine Studie[33] aus dem Jahre 2009: Mitarbeiter wollen informiert werden. Direkte, klare und kontinuierliche Informationen über die wirtschaftliche Lage und die Zukunftspläne ihres Betriebs haben für Angestellte oberste Priorität (66,6 Prozent). Wenn Mitarbeiter über Außenstehende oder sogar über die Zeitung erfahren, wie es um ihr Unternehmen bestellt ist, dürfte das Vertrauen in die Führungsmannschaft nachhaltig zerstört sein. Wer es an der notwendigen Aufmerksamkeit fehlen lässt, riskiert den Betriebsfrieden. Mangelnde Wertschätzung führt zu Unsicherheit. Das Vertrauen ins Management schwindet und die Gerüchteküche beginnt zu brodeln. Weil unzufriedene Mitarbeiter die Unternehmen mehrere Milliarden Euro jährlich kosten, wird ein neues Denken in die Führungsetagen einziehen. Davon ist der »Zukunftsforscher« Prof. Dr. Horst W. Opaschowski überzeugt. In seinem Buch »Wir! – Warum Ichlinge keine Zukunft mehr haben« beschreibt er sehr eindrucksvoll die zukünftigen Entwicklungen. In einem Interview[34] beantwortet er die Frage nach der zukünftigen Rolle der Führungskräfte im Unternehmen wie folgt:

»Die Führungskraft wird sich vom Vorgesetzten zum Coach, vom Moderator zum Motivator, vom Kontrolleur zum Animateur wandeln, der die Mitarbeiter durch seine eigene Person motivieren kann und für Betriebsklima und Stimmungslage verantwortlich ist. Eine seiner wesentlichen Aufgaben wird es sein, die Arbeitsfreude der Mitarbeiter zu fördern oder zumindest ihnen den Spaß *an der Arbeit nicht zu verderben. Die Fähigkeit zu motivieren und zu begeistern wird zu einer sozialen Führungskompetenz von höchster Priorität.«*

Mitarbeiter ernst zu nehmen und sie über alles Wesentliche zuerst zu informieren ist wichtig. Noch wichtiger aber ist die Form der Kommunikation. TopSeller und Führungskräfte informieren ihre Mitarbeiter und Kollegen nicht nur via E-Mail und Newsletter. Davon landen ohnehin zu viele am Tag im Postfach. Verantwortungsvolle Führungskräfte suchen den Dialog. Hier gilt es, die richtige Dosierung zu finden, die von Unternehmen, Branche und Mitarbeiterzahl abhängt.

Sollten Sie als Angestellter in einem Unternehmen arbeiten, das seine Bringschuld nicht erbracht hat, sind Sie gefordert. So lange zu warten, bis Ihnen die Informationen zugetragen werden, bringt Sie keinen Schritt weiter. Sie haben hier eine Holschuld. Wer weiterkommen will, muss neben einem gesunden Ehrgeiz auch über emotionale Intelligenz verfügen. In dieser Konstellation geht es im Beruf viel schneller voran. Das hat eine Studie[35] zum »Emotionalen Intelligenzquotienten« (EQ) ergeben, die an den Universitäten Bonn und Heidelberg zusammen mit einem amerikanischen Forscherteam erstellt wurde. Als »emotional intelligent« gelten Menschen, die sich gut in die Gefühle anderer hineinversetzen können, so wie es TopSeller können. Besonders einfühlsame Menschen, die gleichzeitig sehr karriereorientiert handeln und denken, sind nach Angaben der Forscher besser in der Lage, »zwischen den Zeilen zu lesen«. Daher falle es ihnen zum Beispiel leichter, Arbeitsanweisungen des Chefs umzusetzen. Überdies entwickeln sie die Fähigkeit, karriereschädliche Fettnäpfchen zu umgehen.

Nicht warten, starten: Nach dieser Devise handeln TopSeller, die dabei immer häufiger außergewöhnliche Wege gehen. So wie die Verkäufer von skandinavischen Holzhäusern, die zahlreiche Verkaufsseminare bei mir besuchten. 80 Prozent dieser Verkäufer lebten selbst in einem Holzhaus. Sie hielten alle die für verrückt, die noch immer in einem »Stein- und Betonhaus« lebten. Die TopSeller dieser Firma luden Interessenten nicht zu sich ins Büro ein. Sie besuchten sie auch nicht in ihrer Wohnung. Die Interessenten trafen sich im Privathaus des Verkäufers. In dieser »holzhaltigen« Luft wurden die Verkaufsgespräche geführt. In entspannter Atmosphäre sahen die Interessenten, wie angenehm es sich hier leben lässt. Das ist Identifikation in Bestform, weil es authentisch ist, und genau das wollen Kunden. Sie wollen keine geklonten Verkäuferpersönlichkeiten, sondern Menschen.

»Authentisch handeln heißt, so zu handeln, dass es im Einklang mit den eigenen Überzeugungen steht.«

Das sagt »Titan« Oliver Kahn. Wissenschaftler bestätigen, dass es gesunder Egoismus und unbedingter Glaube an uns selbst sind, die einen erfolgreichen Menschen aus uns machen. Wer wüsste das nicht besser als eine der erfolgreichsten Schriftstellerinnen aller Zeiten, Joanne K. Rowling, die mit »ihrem« Harry Potter reicher wurde als die Königin von England.[36] Auf ihren Erfolg angesprochen, antwortete sie humorvoll:

»Wenn mich jemand nach dem Rezept für Erfolg fragen würde, wäre der erste Schritt herauszufinden, was man am liebsten tut, und der zweite, jemanden zu finden, der einen dafür bezahlt.«

Wer sich zu 100 Prozent mit einer Aufgabe identifiziert, in ihr leidenschaftlich aufgeht, wird diesen Zustand oft unter

Schmerzen und damit unter Leid erreicht haben. Erfolg bedingt Leiden, selbst Kinder kommen unter großen Schmerzen auf die Welt, die beim Anblick des Säuglings schnell vergessen sind. Oder denken Sie an einen Jungen im Alter von zehn Jahren, der von einer großen Fußballkarriere träumt. Es vergeht kein Tag, an dem er nicht auf dem Bolzplatz dem Ball nachjagt und mehr als einmal hinfällt. Hautverletzungen und Prellungen werden zur Normalität. Öfter als den Eltern lieb ist. Sie erleiden beim Anblick mehr Schmerzen als dieser Steppke. Für ihn sind solche Verletzungen kein Problem, sondern kleine Trophäen. Er nimmt sie in Kauf, weil sie aus seinem Verständnis heraus zum »großen Fußballtraum« dazugehören. Selbst Knochenbrüche können ihn nicht daran hindern, seinen Traum zu verfolgen. So verhalten sich echte Fußballer, wie zum Beispiel auch Lionel Messi. Der argentinische Stürmer-Star verletzte sich 2013 in einem Spiel so schwer, dass er über zwei Monate lang nicht spielen konnte und sogar zur Rehabilitation nach Argentinien flog. Für seinen erfolgsverwöhnten Arbeitgeber, den FC Barcelona, eine schwierige Situation. Als er dann Mitte Januar 2014 endlich wieder auf dem Platz stand, sagte Messi:

> *»Ich freue mich immer sehr darauf, auf dem Platz zu stehen und zu spielen – entsprechend schwierig waren die letzten beiden Monate für mich. Ich habe meinem Comeback stark entgegengefiebert, meinem Körper in der Physiotherapie in Argentinien alles abverlangt, und wenn du dann nach zwei Monaten wieder auf dem Platz stehst, ist das natürlich ein ganz besonderes Gefühl. Alles ist plötzlich anders.«*[37]

Das ist gelebte Leidenschaft. Das tun, woran das Herz hängt.

THINK BY FINK

 KLAUS-J. FINK TOPSELLING

»Wichtiger als Talent und Intelligenz ist das leidenschaftliche Engagement für eine Aufgabe. Denn je mehr wir uns in etwas vertiefen, desto deutlicher werden die faszinierenden Aufgaben einer Sache.« (Gerald Hüther, Neurologe)

2.2 Identifikation mit der Tätigkeit

»Persönlichkeiten werden nicht durch schöne Reden geformt, sondern durch Arbeit und eigene Leistung.«
ALBERT EINSTEIN

Wenn Sie im Frühjahr Kartoffeln säen, werden Sie im Herbst Kartoffeln ernten und an dieser Stelle keine Rüben, Karotten oder Radieschen aus dem Boden ziehen. Ein unstrittiges Naturgesetz, welches inhaltlich durchaus auf andere Lebensbereiche angewendet werden kann. Wer den falschen Beruf wählt und damit die »falsche Saat« legt, darf sich nicht wundern, wenn die Ernte nicht wie gewünscht ausfällt. Wer sich als Kundenberater und weniger als Verkäufer fühlt, legt ebenfalls die falsche Saat. Die Welt lebt vom Verkauf und nicht von Beratungen. Gleiches gilt für die, die nur deshalb Verkäufer geworden sind, weil sie hier viel Geld verdienen wollen. Das ist grundsätzlich kein Problem. Steht aber das Geldverdienen vor der Identifikation, dann wird es zu einem. Wer extrinsisch motiviert zur Sache geht, hat selten eine Chance, zum TopSeller aufzusteigen. Dieser Begriff entstammt der Psychologie, die zwei Formen der Motivation nennt:

1. die intrinsische Motivation (von innen her angeregt)
2. die extrinsische Motivation (von außen her angeregt)

Bei der intrinsischen Motivation geschieht die Aktivität um ihrer selbst willen. Die Betroffenen sind in einer Art »Mission« unterwegs. Sie verschmelzen mit ihrer Aufgabe und unterscheiden hier nicht zwischen Arbeit und Freizeit. Sie sind mit dem, was sie tun, leidenschaftlich verschmolzen. Ihre Motivation kommt von Herzen. Sie versinken in ihrer Tätigkeit und vergessen die Zeit um sich herum.

Ganz anders verhalten sich dagegen extrinsisch motivierte Menschen. Sie werden von äußeren, nicht in der Sache liegenden Anreizen angetrieben. So lernt zum Beispiel ein extrinsisch orientierter Schüler nur, um gute Zensuren zu erzielen. Das, was er lernt, ist dafür nicht ausschlaggebend. Extrinsisch motivierte Verkäufer arbeiten nur, um Geld zu verdienen. Das Produkt und die Tätigkeit spielen für sie keine Rolle. Wenn nicht das Produkt und damit der Nutzen im Vordergrund steht, sondern nur die Möglichkeit, damit Geld zu verdienen, ist der Erfolg nicht von Dauer. Fehlt es an der richtigen Gesprächsführung, reduziert sich der Inhalt schnell auf den Preis und auf mögliche Rabatte. Sehr zum Leidwesen des vertretenen Unternehmens. »*Umsatz soll sein – Marge muss sein*«, auf diesen einfachen Nenner lassen sich betriebswirtschaftliche Anforderungen bringen. Ein Verkäufer mit hohem Umsatz, aber geringer Marge ist auf Dauer nicht haltbar. Daher rührt die oft zitierte abfällige Feststellung: »*Wer nichts wird, wird Wirt. Hat er auch da Malheur, dann wird er Chauffeur. Ist ihm auch dieses nicht gelungen, dann reist er in Versicherungen. Kommt er auch damit nicht weiter, wird er Verkaufsleiter.*«

Auch wenn Verkäufer Kämpfernaturen sind, so sollen sie nicht in die Nähe des Militärs gerückt werden. Doch findet sich hier ein interessanter Vergleich, um den Unterschied zwischen in- und extrinsischer Motivation zu verdeutlichen. Ein Soldat dient als Bürger seines Heimatlandes bei der Armee. Der Söldner ist auch ein Soldat, doch dient er nicht seinem Heimatland, sondern für Geld einem anderen Land, zum Beispiel in der französischen Fremdenlegion.

Geld ist und bleibt ein starkes Motiv, das allerdings schnell abflacht, weil schon nach kurzer Zeit ein Gewöhnungseffekt eintritt. Wenn Sie es bisher gewohnt waren, Autos ohne Klimaanlage zu fahren, weil die frische Luft durch die Rostlöcher ins Fahrzeuginnere drang, dann löst ein Auto mit »echter« Klimaanlage Begeisterung in Ihnen aus. Glauben Sie, dass Sie nach drei Wochen noch die gleichen Gefühle für die neue Klimaanlage hegen? Für Sie ist es inzwischen *normal*, dass Ihr Auto über eine Klimaanlage verfügt.

Ähnlich verhält es sich mit dem Einkommen. Je höher, desto größer sind die Ausgaben. TopSeller wissen, dass mit ihren Einnahmen auch die Ausgaben steigen. Zuvor reichten eine 3-Zimmer-Wohnung und ein acht Jahre altes Auto. Mit dem Einkommen stieg auch der Anspruch. Nun musste es ein großes Haus mit großzügigem Garten sein. Der neue Wagen rollte in Stuttgart vom Band. Der Urlaub wurde in Fünf-Sterne-Hotels verbracht. Die Bewunderung durch Außenstehende war sicher, während sich der Bewunderte an all das gewöhnt hatte. Deshalb brauchte es ein noch größeres Haus, ein noch teureres Auto, eine noch längere Urlaubsreise. Schließlich artete alles in Stress aus, galt es doch, den Standard zu halten. Nur dann wurden weiterhin die bewundernden Blicke auf ihn geworfen. Dieses extrinsische Verhalten führt in die falsche Richtung. Irgendwann ist der Druck so groß, dass alles wie ein Kartenhaus in sich zusammenfällt, und der zuvor so erfolgreiche Verkäufer lebt zukünftig von der Hand in den Mund.

Geld kann auf Dauer nicht motivieren, weshalb extrinsisch orientierte Verkäufer schnell die »Lust« an ihrer Arbeit verlieren. So wie viele andere Mitarbeiter übrigens auch, die »innerlich nicht brennen«. Alljährlich wartet das Gallup-Institut mit einer neuen Hiobs-Botschaft auf, so auch 2014 wieder.[38] Seit mehr als zehn Jahren wird das Engagement von Mitarbeitern deutscher Unternehmern erfasst, sodass inzwischen interessante Aussagen getroffen werden können. Tatsächlich nimmt mit fast jedem Jahr die Mitarbeiterzufriedenheit ab, was immer öfter zu inneren Kündigungen führt. Nur noch jeder siebte Mitarbeiter ist voll bei der Sache und setzt sich aktiv für das Unternehmen ein. Fast 70 Prozent der Mitarbeiter machen Dienst nach Vorschrift, also so viel, wie es die Umstände erfordern. Jeder fünfte Mitarbeiter verspürt keinerlei emotionale Bindung an das Unternehmen, weshalb er innerlich gekündigt hat. Er ist nur deshalb noch im Unternehmen, weil es ihm an Alternativen fehlt. Sein Weggang ist nur eine Frage der Zeit. TopSeller stehen dieser Entwicklung nur kopfschüttelnd gegenüber. Für sie ist ihr Beruf Berufung und nicht nur ein Mittel zum Geldverdienen. Ihnen ist ihre Gesundheit viel mehr wert als das viele Geld, das sich verdienen lässt, wenn die »Seele verkauft« wird.

Und, wie ist es bei Ihnen? Folgen Sie dem Ruf Ihres Herzens und leben den (Be)Ruf, den Sie wirklich mögen? Die Antwort auf diese Frage lässt sich leicht beantworten. Sie l(i)eben Ihren *Traumberuf*, wenn Sie glauben, dass Sie Ihre Arbeit auch dann noch tun würden, wenn Sie dafür kein Geld bekämen. Wer den Beruf lebt, den er liebt, kann sich voll und ganz auf seine Arbeit konzentrieren. Deshalb haben TopSeller auch keine Angst vor einem Nein des Kunden. Sie wissen um die Stärke ihres Unternehmens, das dem Kunden gute Produkte und Dienstleistungen mit einem angemessenen Preis-Leistungs-

Verhältnis und hohem Nutzen bietet. Davon ist der TopSeller überzeugt, und diese Überzeugung spürt der Kunde. Daher haben es TopSeller leichter, über das Nein des Kunden zu verhandeln. Im Einleitungsabschnitt »Verkaufen statt verteilen« haben Sie von den großen Veränderungen im Kaufverhalten der Menschen gelesen. Es gab Zeiten, da wurden Umsätze getätigt nicht wegen des Verkäufers, sondern trotz des Verkäufers. Es spielte überhaupt keine Rolle, ob sich Käufer und Verkäufer sympathisch waren und die Chemie zwischen ihnen stimmte. Diese Zeiten sind vorbei, weshalb es heute mehr auf das Verhalten des Verkäufers und weniger auf das Wissen ankommt.

Allerdings bestätigen Ausnahmen die Regel. So ist es wichtig, dass Verkäufer von Finanzprodukten über ein extrem gutes Wissen verfügen. Die Welt des Geldes, der Versicherungen und Finanzen ist so komplex, dass Laien schnell den Überblick verlieren und auf Hilfe von »außen« angewiesen sind. Deshalb wenden sie sich an einen Finanzberater, der ihnen helfen soll, sich zum einen im Finanzdschungel zurechtzufinden. Zum anderen erwarten sie von ihm ein für sie passendes Angebot. Letzteres wurde in der repräsentativen Studie »Geschäftspotenziale im Bankenvertrieb«[39] unter Beweis gestellt. Danach wollen 84 Prozent der Deutschen sich darauf verlassen können, dass ihr Bankberater das für sie beste Produkt anbietet. Dieser Wunsch nach Fachkompetenz rangiert damit bei der Wertschätzung von Beratungsleistungen unter den drei wichtigsten Anforderungen an das eigene Finanzinstitut.

THINK BY FINK

Wenn Sie sich voll mit dem Verkaufen identifizieren, merken Sie, dass es wie das Leben ist – Ängste, Rückschläge und Niederlagen gehören dazu. Entscheidend ist immer, was Sie daraus machen. Leben Sie Ihre Tätigkeit mit Leidenschaft, lassen Sie sich von keiner Angst entmutigen, betrachten Sie Rückschläge als Chancen und ziehen Sie aus Niederlagen die Erkenntnis, was Sie an Ihrer Strategie noch verbessern müssen. Das ist genau der Punkt, an dem das »Schicksal« entscheidet, wer den Erfolg verdient und wer nicht.

2.3 Identifikation mit dem Produkt

»Nicht der Arbeitgeber zahlt den Lohn, sondern das Produkt.«
HENRY FORD

Als der inzwischen verstorbene Steve Jobs Anfang 2010 den ersten Apple-Tablet-PC der Weltöffentlichkeit vorstellte, läutete er damit ein neues Computerzeitalter ein. Diese Form eines Computers war für sich genommen nichts Neues. Seit Jahren bieten verschiedene Hersteller vergleichbare Systeme an, allerdings mit mäßigem Erfolg. Steve Jobs dagegen legte einen fulminanten Start hin. Innerhalb von wenigen Wochen wurden mehrere Millionen dieser neuen Apple-Computer verkauft. Von einem solchen Ergebnis träumen Millionen Verkäufer, Firmen und Mitarbeiter. Sie alle wünschen sich ein Produkt mit einer Art Alleinstellungsmerkmal, welches ihnen von »gierigen« Kunden aus den Händen gerissen wird. Dieser Wunsch ist verständlich, braucht es doch keine verkäuferischen Anstrengungen, um Umsatz und Provision zu generieren.

Zu allen Zeiten gab es Unternehmen, die mit außergewöhnlichen Innovationen Marktführer wurden und ihre Stellung lange verteidigten. So auch die Firma Nokia mit ihren außergewöhnlichen Handys, insbesondere dem Telefon mit eingebauter Tastatur. Wer etwas auf sich hielt, besaß ein solches Gerät, ein »must have«. Dann kam Apple und erfand die Welt des

Handys neu. Fortan standen Smartphones auf der Wunschliste der Konsumenten. Frei von jeder inhaltlichen Bewertung zeigt der direkte Vergleich der Aktien von Apple und Nokia, dass Erfolg verteidigt werden muss. Wer den Anschluss verpasst, verliert:

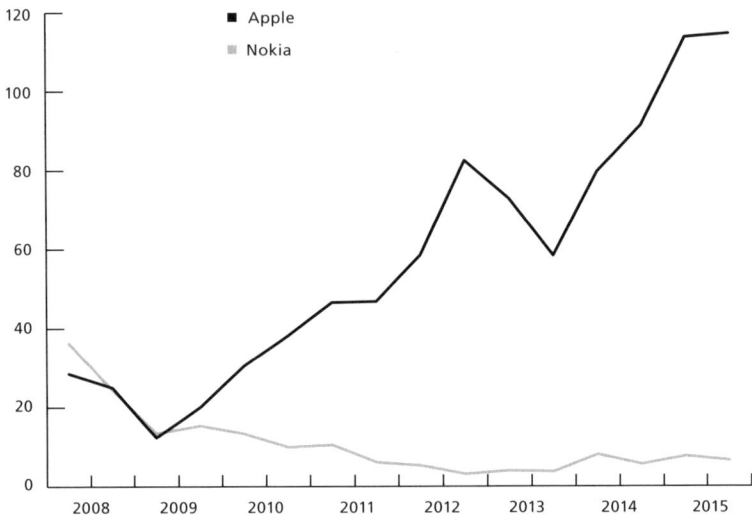

Entwicklung von Apple und Nokia im Vergleich

Eine Marktführerschaft muss jeden Tag aufs Neue verkauft werden, und dazu braucht es auch TopSeller, so wie Steve Jobs. Ein Produkt mit Alleinstellungsmerkmal reicht eben nicht aus, um sich vom Wettbewerb abzuheben. Es geht um viel mehr – am Ende immer um Emotionen. So schon zu lesen in Goethes »Faust«: *»Gefühl ist alles; Name ist Schall und Rauch …«*

Steve Jobs gelang es, seine Produkte zu emotionalisieren, weshalb er mit seinen Botschaften die Herzen und nicht den

Geldbeutel der Interessenten (eigentlich schon Fans) erreichte. Apple berauscht sich nicht an technischen Feinheiten, sondern an der einfachen Bedienung seiner Geräte, die zudem mit einem außergewöhnlichen Design überzeugen. Überdies ließ es sich Steve Jobs nie nehmen, die neuen Produkte höchstselbst vorzustellen. Schlicht gekleidet saß er häufig in einem Sessel auf einer großen Bühne. Im Hintergrund eine große Leinwand. Wie ein kleiner Junge präsentierte er so der Weltöffentlichkeit die Einfachheit und Schönheit seiner neuesten Entwicklungen. Und die Welt jubelte ihm zu. Ohne große Worte, aber mit einer Begeisterung wie ein Steppke zu Weihnachten fesselte der ehemalige Apple-CEO sein Publikum.

Verlangt wird von Verkäufern, dass sie sich mit dem Produkt des Unternehmens identifizieren. Von etwas überzeugt sein, reduziert sich dabei nicht nur auf das Produkt, sondern auch auf die Leistungen, die hinter einem Produkt stehen. Das Beispiel Apple zeigt, dass es um mehr geht als nur um ein Produkt. Es geht um die Philosophie des Unternehmens, die von den Mitarbeitern gelebt werden muss. Wer als Verkäufer zu sehr nach einem Alleinstellungsmerkmal (auch USP genannt = Unique Selling Proposition) schaut und dabei alles andere ausblendet, lebt mit Blick auf Umsatz und Gewinn gefährlich. Der US-Amerikaner Jay Abraham gilt in der Fachwelt als der Marketing-Experte schlechthin. Nicht zuletzt wegen seiner einfachen Botschaften, wie zum Beispiel:

»Schlüpfen Sie in die Schuhe Ihrer Kunden.«[40]

Damit sagt er, wie wichtig es ist, sich in die Situation des Kunden zu versetzen, um sein Problem zu erkennen. Nur wer das Problem kennt, kann exakt die Lösung bieten. USP-orientierte Verkäufer tun genau das nicht. Sie stellen ihr Produkt in den

Vordergrund und nicht den Rat suchenden Kunden. Deshalb glauben sie, ihr Produkt habe ein Alleinstellungsmerkmal. Der Kunde sieht das anders. Im direkten Vergleich mag es von großer Bedeutung sein, wenn zwei Fondsmanager darum streiten, welcher der konkurrierenden Fonds in der Rendite um 0,1 Prozent besser liegt. Ein Kunde, der vor der Entscheidung steht, überhaupt in einen Fonds zu investieren, wird diesem Vergleich nichts abgewinnen können. Deshalb überfrachten TopSeller ihre Kunden nicht mit Charts, Vergleichen und Berechnungen, sondern klären zunächst, welche Anlageziele der Kunde hat. So erkennen sie, was der Kunde wirklich will. Mit diesem Wissen bauen TopSeller das weitere Gespräch auf. Somit rücken Kosten und Preis eines Produkts in den Hintergrund, weil der Kunde sich verstanden weiß und so ein »gutes Gefühl« hat.

Damit keine Missverständnisse entstehen: Auch der TopSeller muss Preisverhandlungen über sich ergehen lassen. Weil er sich nicht nur auf eine USP festlegt, sondern Produkt, Unternehmen und Philosophie für ihn wichtig sind, schafft er diese Diskussion viel leichter. Weil er von seinem Produkt und der Preiswürdigkeit seines Angebots überzeugt ist, stellt er automatisch und immer wieder die Nutzenaspekte in den Vordergrund. Wer vom Preis wirklich überzeugt ist, geht selbstbewusster in die Verhandlung. Er weiß, was er verteidigt. Überdies sammelt er Nutzenargumente, um dem Einwand »zu teuer« zu begegnen. Zudem bestimmt er den Zeitpunkt, wann über den Preis verhandelt wird. Auch wenn der Kunde versucht, eher über den Preis zu sprechen, gelingt es einem TopSeller, das Gespräch wieder in die von ihm gewünschte Form zu bringen: »*Natürlich spielt der Preis für Ihre Entscheidung eine maßgebliche Rolle, Herr Kunde. Bevor wir im Detail dazu kommen …*«

THINK BY FINK

 KLAUS-J. FINK TOPSELLING

In der Lösung von Alltagsproblemen liegt der größte Erfolg. Und wenn genial einfache Lösungen über Jahrzehnte weiterentwickelt werden, so wird der Erfolg um ein Vielfaches größer, als es sich ihr Urheber vorstellen konnte.

2.4 Identifikation mit dem Unternehmen

»Ich habe nie Wertvolles zufällig getan. Meine Erfindungen
sind nie zufällig entstanden. Ich habe gearbeitet.«
THOMAS ALVA EDISON

Frust am Arbeitsplatz kann die seltsamsten Blüten treiben: So berichten Medien etwa immer wieder darüber, dass Mitarbeiter, die sich vom Unternehmen ausgenutzt oder unfair behandelt fühlen, lange Finger machen und in der Firma Diebstähle verüben.[41] Ein solch drastisches Beispiel zeigt eindringlich, welche Gefahren Unternehmen eingehen, die sich nicht um ihre Mitarbeiter »kümmern«.

Wer ein Gefühl dafür entwickeln will, wie wichtig für Menschen die Gemeinschaft, das Wir-Gefühl und die Gruppe sind, sollte an einem Wochenende ein Fußballturnier besuchen. Ob auf dem flachen Land oder in den großen Stadtzentren, Abertausende Menschen pilgern förmlich in die Stadien, um ihren Idolen beim Spiel zuschauen zu dürfen. Für dieses Event sind sie sogar bereit zu zahlen. Da rennen 20 Männer einem Ball hinterher, der von zwei weiteren Männern davon abgehalten werden soll, in ihrem »Kasten« zu landen. Die Fans lassen sich von den Machern auf dem Spielfeld mitreißen, gleichwohl ist es die Gemeinschaft, in der sie sich wohlfühlen. Hier werden Siege gefeiert, Verluste beweint und Hoffnungen gemeinsam durchlebt. Die Fans erfüllt es mit Stolz, Teil dieser Gemeinschaft zu sein. Je mehr gesellschaftliche Anerkennung dieser Verein oder die Gruppe erfährt, desto »größer« fühlt sich der Einzelne in dieser Gemeinschaft. Die Erfolge seiner Mannschaft sind auch seine, selbst dann, wenn er nur als Zuschauer mitwirkte. Immerhin sorgt er so dafür, dass die Vereinskasse gefüllt wird.

In kleineren Vereinen geht es nicht nur ums reine Zuschauen. Für den Erfolg ihrer Mannschaft setzen sich Menschen ehrenamtlich ein. Sie erfüllen die Aufgaben gern und mit Leichtigkeit. Dadurch entwickeln sie Fähigkeiten, die sie zuvor nicht an sich entdeckt hatten. Aus einem Bürokraten wird plötzlich der Platzwart, der, wenn es erforderlich ist, den Rasen mit der Nagelschere schneidet, nur damit der Verein gut dasteht.

Diese Mitgliedschaft leben Fans auch außerhalb der Stadien, Vereinsräume und Veranstaltungen. Stolz tragen sie einen Schal mit den Vereinsfarben um den Hals, heften sich »ihr« Vereinsemblem ans Revers oder verbringen ihre Freizeit in sündhaft teuren T-Shirts ihres Lieblingsvereins. Einige von ihnen kleben sogar die Heckscheibe ihrer Autos mit allen möglichen Bildern ihrer Idole zu. Die ganz »Harten« lassen sich sogar die Vereinssymbole in den entsprechenden Farben auf die Haut tätowieren – eine starke Gemeinschaft! Ein Leben lang.

Nur wenige Unternehmer schenken diesem Wunsch der Menschen nach Identifikation Beachtung. Es ist ein Rätsel, warum sie die Chance vergeben, es Mitarbeitern zu ermöglichen, stolz auf ihre Firma zu sein. Wenn Sie mit Bus oder Bahn zur Arbeit fahren, achten Sie einmal darauf, wie viele der Mitreisenden ein Namensschild ihrer Firma öffentlich tragen. Ist es nicht so, dass alles irgendwie zur Schau gestellt wird? Krawatte, Anzug, Schuhe, Mantel usw. Aber nie finden Sie einen Hinweis auf ein Unternehmen. Selbst Verkäufer tragen selten bis nie ein Logo, das sie als Mitarbeiter eines Unternehmens ausweist. Ihr Aktenkoffer ist in schlichtem Schwarz gehalten, natürlich ohne Firmenlogo. *»Der Fisch stinkt vom Kopf her«*, lehrt eine Redensart. Mitarbeiter werden sich erst dann zu 100 Prozent mit ihrer Firma identifizieren, wenn dies von den Führungskräften vorgelebt wird. Solange die Verantwortlichen ihre Bringschuld diesbezüglich nicht erbringen, so lange werden Mitarbeiter in ihrer Firma nur einen Ort sehen, an dem das Gehalt verdient wird.

Unternehmer handeln häufig nach dem Kaminofenprinzip: *»Gib du mir Wärme, dann gebe ich dir Holz.«* Umgekehrt funktioniert es: Erst Holz, dann Wärme. Wer als Unternehmer darauf setzt, nur deshalb zufriedene Mitarbeiter zu haben, weil er ihnen das Gehalt pünktlich zahlt, wird selten eine positive Grundstimmung erzeugen. Ein echtes Wir-Gefühl entwickelt sich nur, wenn sich Mitarbeiter gerecht behandelt fühlen, leistungsgerecht entlohnt werden, am Entscheidungsprozess beteiligt und im Rahmen ihrer Fähigkeiten bestmöglich eingesetzt werden. Durch diese Harmonie erst kann sich die Identifikation entwickeln, die wir von den Fußballstadien dieser Welt kennen: *»Ich bin stolz darauf, Teil dieser Firma zu sein.«*

TopSeller handeln nach der Devise von Henry Ford: *»Autos kaufen keine Autos.«* Somit behandeln sie alle Menschen so, wie sie selbst behandelt werden wollen. Dem Lagerarbeiter bringen sie dieselbe Aufmerksamkeit entgegen wie der Buchhalterin, dem Abteilungsleiter und am Ende dem Vorstand. TopSeller rüsten sich so für den Wandel der Zeit, der sich immer schneller vollzieht. Es ist ihnen wichtig, das Zugehörigkeitsgefühl im Team zu stärken. Nur so lassen sich die Herausforderungen der Zukunft überhaupt noch meistern. Kreativität, Zufriedenheit, Leistungswille und Motivation entstehen durch Identifikation mit dem Unternehmen und nicht durch Anweisung von *ganz oben*.

THINK BY FINK

KJF **KLAUS-J. FINK** TOPSELLING

Geistesblitze können einen sehr langen Vorlauf haben und sie entstehen nur dann, wenn das ganze Denken darauf ausgerichtet ist.

Erfolgsfaktor Nummer 3: Marketing

3.1 Nicht hoffen, handeln!

*»Ich habe kein Marketing gemacht. Ich habe
immer nur meine Kunden geliebt.«*
ZINO DAVIDOFF

In Sachen Kundenbindung und -gewinnung gibt es nicht
wirklich viel Neues zu berichten. Die klassischen Methoden
wie Telefonmarketing, Mailingaktionen, Postwurfsendungen,
Zeitungsbeilagen, Anzeigen, Direktansprache und Messeauf-
tritte und natürlich zunehmend Social Media (siehe Folgekapitel) sind bekannt und werden hinreichend genutzt. Allerdings wird es für Unternehmen immer schwieriger, sich
angesichts der inflationären Informationsflut Gehör zu verschaffen. Somit muss heute ein Vielfaches an Aufwand betrieben werden, um zahlungskräftige Kunden ins Haus zu holen.
Das ist es, was ein Unternehmen braucht: solvente Kunden
und gute Mitarbeiter, vor allen Dingen Verkäufer, die sich
um diese Kunden kümmern. Dabei bestimmt die Branche die
»Kontaktintervalle«. Ein Fisch-Großhändler wird täglich mit
seinen Kunden sprechen müssen, während ein Finanzberater
in »unregelmäßigen« Abständen das Gespräch sucht. Ihnen
allen ist gemeinsam, dass sie von sich aus auf den Kunden
zugehen müssen. Die Kunden selbst werden täglich so vielen Reizen ausgesetzt, dass sie mitunter den Wald vor lauter
Bäumen nicht sehen. Experten haben ausgerechnet, dass der

typische Konsument täglich einige Hundert Werbebotschaften hört und liest – Anzeigen in der Tageszeitung, Werbespots im Radio und Fernsehen, »Pop-up«-Werbung im Internet, Live-Ticker im Newsletter, E-Mail-Werbung, Plakate an Litfaßsäulen und Hauswänden. *»Den größten Lärm machen immer die leeren Wagen«*, weiß ein Sprichwort. Vielfach geht es in dieser Werbung weniger um den Servicegedanken als um den Preis. Die Unternehmen versuchen, sich gegenseitig zu unterbieten. Damit sie in diesem gnadenlosen Wettbewerb überhaupt noch wahrgenommen werden, erhöhen sie die Taktfrequenzen ihrer Werbebotschaften und erreichen häufig das Gegenteil: Der Kunde fühlt sich überfordert und »schaltet« ab. Statt Reaktion folgt Resignation ob der Reizüberflutung.

Das haben TopSeller erkannt. Daher warten sie nicht darauf, dass der Kunde von sich aus tätig wird, sondern sie gehen aktiv auf ihn zu, denn *»Hoffnung ist der Kutscher zur Armut«*. Nur durch das Gespräch erfährt der TopSeller Neues. Mit diesen Informationen fällt es ihm leichter, für bestehende und neue Kunden maßgeschneiderte Angebote zu erstellen, die sich aus der Masse der Möglichkeiten hervorheben. Ein Versicherungsagent erfährt auf diese Weise, dass bald der Kauf eines neuen Autos ansteht, somit braucht der Kunde eine entsprechende Versicherung. Vielleicht hat sich Nachwuchs eingestellt, sodass bestehende Versicherungen angepasst werden müssen. Ein Familienmitglied möchte diesen Nachwuchs fördern und braucht hier eine Anlageempfehlung.

Natürlich nutzen TopSeller auch andere »Marketing-Aktionen«, um sich ins Gespräch zu bringen. Vom Tag der offenen Tür bis hin zu individuellen Kundenveranstaltungen ist alles möglich. So bekomme ich zum Beispiel häufiger Einladungen von meinem Autohaus, das in seinen großzügigen Ausstellungshallen unterschiedliche Veranstaltungen anbietet, die so gar nichts mit Autos zu tun haben. Von Modenschauen über einen Vortrag zur Lage des Euros bis hin zu Kochabenden ist alles drin. Diese Veranstaltungen finden zwischen den Ausstellungsfahrzeugen statt. Während man sich auf das Vorgetragene konzentriert, verarbeitet das Unterbewusstsein all die schönen Dinge, die augenscheinlich an diesem Abend nicht so wichtig sind. Aber seien Sie sicher, wie trickreich wir umgarnt werden. Spätestens dann, wenn eine Reparatur unseres Autos ansteht, erinnern wir uns an den Veranstalter, der Wochen oder Monate zuvor mit einem leckeren Kochabend unsere Sinne verwöhnte.

TopSellern mangelt es nie an guten Ideen. Vor einiger Zeit erlebte ich vor einem Modehaus eine Aktion, die mich faszinierte: *»Ich stehe kopf für 20 Prozent«* nannte sich diese. Der kreative Modehausbesitzer schenkte den Frauen (es war ein Modehaus für Frauen) 20 Prozent auf ihre Einkäufe, wenn sie zuvor einen Kopfstand machten, natürlich mit entsprechender Unterstützung. Es war spannend zu sehen, wie viele Frauen dieses Wagnis eingingen. Einige von ihnen beschwerten sich sogar, dass sie einen Rock trugen und somit den Damen in Hosen gegenüber im Nachteil waren. Jedenfalls standen genug Frauen Schlange, um den begehrten Gutschein zu bekommen. Eigentlich wollten einige kein Geld für neue Mode ausgeben, wie sie sagten, aber bei einem solchen Angebot konnten sie einfach nicht Nein sagen.

Womit einmal mehr der Beweis erbracht ist, dass wir Menschen keine Maschinen sind, sondern von Gefühlen verleitet werden. Und wenn uns das Gefühl ein »Schnäppchen« verspricht, dann schlagen wir zu. So sind wir nun einmal »gestrickt«. Dazu sagt der Mannheimer Professor Dr. Alexander Henning:

»Nur 30 Prozent unserer Kaufentscheidungen sind wohlüberlegt. 70 Prozent dagegen fallen spontan aus.«[42]

Sicher staunte der Besitzer des Modehauses nicht schlecht, als Bilder von dieser Aktion zwei Tage später in einer großen deutschen Boulevard-Zeitung erschienen. Zu sehen waren nicht nur auf dem Kopf stehende Frauen, sondern im Text wurde auch sehr ausführlich die Idee des namentlich erwähnten Modehauses beschrieben. Der Reporter dieser Zeitung war eher zufällig am Ort des Geschehens. Womit wieder einmal bewiesen ist, dass dem Tüchtigen das Glück hold ist. Das Modehaus erhielt eine Werbung, die mit Geld nicht zu bezahlen gewesen wäre. Einsatz wird belohnt! Nicht warten, bis Kunden das Gespräch suchen, sondern von sich aus auf Kunden zugehen, nach dieser Devise handeln und leben TopSeller.

THINK BY FINK

KJF **KLAUS-J. FINK** TOPSELLING

Handeln statt abwarten! Wenn sich dieses Motto wie ein roter Faden durch Ihr Leben zieht, kommt der Erfolg unausweichlich zu Ihnen. Überlegen Sie mal: Was können Sie jeden Tag konkret tun, um Leerlauf zu vermeiden?

3.2 Social Media

*»Ein Computerprogramm tut, was du schreibst,
nicht, was du willst.«*
EDWARD A. MURPHY

Das Internet hat die Welt verändert wie kein anderes Medium zuvor. Fälschlicherweise sehen viele Verkäufer hierin eine Konkurrenz, die ihnen das Wasser abgräbt. Erfolge entstehen im Kopf, Misserfolge auch, darüber konnten Sie bereits ausführlich lesen. Wenn Sie als Verkäufer davon überzeugt sind, dass das Internet Ihre berufliche Position mehr schwächt als stärkt, dann wird genau das eintreten. Wenn Sie sich auf Neues einlassen, so wie TopSeller das immer tun, dann ist das Internet mehr Chance als Risiko.

Natürlich wird es Kunden geben, die im Internet nach billigeren Angeboten Ausschau halten und dort auch ihre Verträge abschließen. Das bestreitet niemand. Die Frage ist: Wollen Sie sich weiterhin auf die Schnäppchenjäger konzentrieren, die nur ein Ziel haben, nämlich möglichst billig einzukaufen, oder wollen Sie Stammkunden, die Ihre Leistung zu würdigen wissen und dafür bereit sind zu zahlen?

Schauen wir uns einmal die Fakten an, um zu verstehen, worum es im Kern geht:

- Täglich werden rund 200 Milliarden E-Mails weltweit verschickt.
- Inzwischen gibt es mehr als 675 Millionen einzelne Webseiten.
- Etwa 300 Millionen Domains gibt es rund um den Globus.

Diese Fakten nehmen die durchschnittlichen Verkäufer zum Anlass, ihre Misserfolge zu begründen. TopSeller dagegen sehen in dieser Entwicklung eine wunderbare Möglichkeit. Sie wissen, dass hinter jeder Kaufentscheidung ein Mensch steht. Dabei spielt es keine Rolle, ob er seine Kaufentscheidung vor dem heimischen Computerbildschirm trifft, unterwegs am Smartphone oder im direkten Gespräch mit einem Verkäufer.

Die Bedürfnisse der Menschen sind unterschiedlich. Es mag sein, dass ein Anzug von der Stange passt, weil es bestimmte Maße gibt, die allgemein gültig sind. Wie aber sieht es aus, wenn ein Unternehmer seine Altersvorsorge optimal regeln möchte? Findet er im Internet wirklich ein »maßgeschneidertes« Angebot? Und was ist mit einer Familie, die ihr Haus verändern möchte? Ein Haus, das vor einigen Jahren von einem Architekten gezeichnet wurde, lässt sich kaum mit »Standard-Angeboten« verändern. Die Welt verlangt trotz Internet nach Spezialisten, und hier liegt die große Chance für Verkäufer. Hierzu Markku Wilenius, Senior Advisor im Economic Research der Allianz, der für die Zukunft Folgendes prophezeit:

»Konsumenten erwarten Service – und zwar überall, sofort, einfach und schnell … Bei der Auswahl der Produkte wird Individualisierung weiter hoch im Kurs stehen. Individuell zugeschnittene Produkte sollen nach Möglichkeit einfach zu verstehen und mit anderen Produkten vergleichbar sein.«[43]

Das ist eine großartige Feststellung, zumindest für den, der die Botschaft zwischen den Zeilen liest. Der Erfolg liegt in der Nische!

Anbieter, die es schaffen, in der weltweit größten Internet-Suchmaschine Google einen der vorderen Plätze zu belegen, sind so stark, groß und mächtig, dass es dem einzelnen Verkäufer schwerfällt, sie vom Thron zu stoßen. Kein TopSeller ist so vermessen zu glauben, dass bei Eingabe des Suchbegriffs »Lebensversicherung« sein Name unter den ersten zehn Eintragungen erscheint. Immerhin findet man mehr als drei Millionen Einträge, wenn man den Begriff eingibt.

Wer nach »Finanzberatung« sucht, findet ebenfalls mehrere Millionen Eintragungen. Bei »Geld« sind es sogar über 50 Millionen Einträge. Diese Zahlen verdeutlichen, wie schwer es ist, als Einzelner auf die Google-Startseite zu gelangen. Diese Position ist deshalb so interessant, weil bekanntermaßen das Gros der Rat suchenden Interessenten seine Auswahl auf der ersten Google-Seite trifft und sich nicht die Mühe macht, weiter zu suchen. Mit anderen Worten: Wer mit seinem Angebot auf Seite fünf erscheint, hat kaum eine realistische Chance, angeklickt zu werden.

»In der Konzentration zeigt sich der wahre Meister.« Auch mehr als 175 Jahre nach Goethes Tod ist seine Feststellung aktueller denn je, insbesondere, wenn es um Ihr Business im Internet geht. TopSeller konzentrieren sich bei der Gestaltung ihrer Website deshalb nicht auf allgemeine Themen und Suchbegriffe wie »Lebensversicherung«, »Finanzberatung« oder »Geldanlage«. Sie suchen sich vielmehr eine Nische, um sich hier als Experte zu positionieren. Natürlich ist dieser Markt deutlich kleiner, aber die Chance, vom Interessenten wahrgenommen zu werden, steigt signifikant. Ein Beispiel: Sie haben bei Google die Möglichkeit, sich anzuschauen, nach welchen Begriffen Internet-User suchen (https://www.google.de/Adwords/). Wenn Sie nun den Begriff »Lebensversicherung« eingeben, erhalten Sie folgendes Ergebnis:

Keyword (nach Relevanz)	Durchschnittliche Suchanfragen pro Monat	Wettbewerb
Lebensversicherung	33.100	Hoch
BAV	27.100	Niedrig
Keyword (nach Relevanz)	Durchschnittliche Suchanfragen pro Monat	Wettbewerb
Lebensversicherung	33.100	Hoch
Altersvorsorge Eigenheim	30	Mittel

Sie sehen, dass pro Monat durchschnittlich über 33 000-mal nach diesem Begriff gesucht wurde. Rechts von der Zahl sehen Sie die Angabe des Wettbewerbs – »hoch«. Und Sie als TopSeller wissen: Je höher der Wettbewerb, desto größer die Konkurrenz. Das heißt auch, dass mit der Wettbewerbsdichte Ihre Chance sinkt, wahrgenommen zu werden.

TopSeller gehen einen Schritt weiter und finden heraus, wie oft etwa nach verwandten Begriffen gesucht wurde: Denn potenzielle Kunden, die nach »Lebensversicherung« suchen, interessieren sich möglicherweise auch für andere Arten der Altersvorsorge, vielleicht in Form eines Eigenheims oder in Form einer »BAV« – was für »betriebliche Altersvorsorge« steht. Das kann für Sie die Chance sein: Statt die eigene Internetseite auf den Begriff »Lebensversicherung« zuzuschneiden, ist es sinnvoller, sich stärker an den enger gefassten Begriffen (wie in der Grafik) zu orientieren.

Es hat also Sinn, sich ins Medium Internet zu vertiefen und herauszufinden, wie die Feinheiten des WWW funktionieren. Wo sonst bekommen Sie so viele aussagekräftige Informationen kostenlos? Und Kunden, die über Google Ihre Internetseite ansteuern, kommen ebenfalls umsonst zu Ihnen, weltweit und rund um die Uhr. Das Internet ist Ihr persönlicher 24-Stunden-Verkäufer mit bescheidenem Gehalt und geringen Ansprüchen!

Häufig anzutreffen sind potenzielle Kunden auch in den Social-Media-Netzwerken. Dieser Begriff steht ja für »Geselligkeit« (social aus dem Englischen für gesellig). Es geht also um Kontakte – wichtig für Sie als TopSeller! Die Social Media haben sich inzwischen zu einem Internet im Internet entwickelt. Facebook, XING, Twitter und viele andere gehören zu den am häufigsten aufgerufenen Seiten im Netz, und viele Menschen – potenzielle Kunden! – verbringen viel freie Zeit in den sozialen Netzwerken.

Um das Potenzial noch einmal zu verdeutlichen: Erstmals in der Geschichte des Internets war eine Social-Media-Website die meistbesuchte der Welt: Schon im März 2010 »überholte« Facebook die Suchmaschine Google. Kein Wunder, nutzen heute, im Jahre 2015, doch mehr als 1,4 Milliarden Menschen monatlich im Durchschnitt die Webseiten von Facebook. Wäre diese Seite ein Staat, wäre es eine Nation weit größer noch als die USA!

Der Erfolg dieser Netzwerke kommt nicht überraschend, denn sie erfüllen den Wunsch der Menschen nach sozialer Anerkennung, die es zu allen Zeiten gegeben hat. Viele Brieffreundschaften sind so rund um den Globus entstanden. Insofern sind Netzwerke nichts Neues. Neu ist die Schnelligkeit in Verbindung mit der Einfachheit. Das ist auch der Grund, weshalb ein Unternehmen wie Facebook innerhalb von weniger als sieben Jahren mehr als eine halbe Milliarde Menschen in sein Netzwerk integrieren konnte. Allein in Deutschland sind inzwischen mehr als 10 Millionen Menschen bei Facebook, was, nebenbei bemerkt, dazu geführt hat, dass der Gründer dieser Community, Mark Zuckerberg, mit 26 Jahren der jüngste Milliardär aller Zeiten wurde.

All diese Plattformen haben schon dafür gesorgt und werden weiter dafür sorgen, dass sich die Beziehungen zwischen Menschen und damit auch zwischen Kunden, Unternehmen und Verkäufern grundlegend verändern. Unehrlichkeit, Abzocke, falsche Produktinformationen, inkompetente Mitarbeiter in einem Unternehmen oder unsaubere Geschäftspraktiken, all das lässt sich im digitalen Zeitalter nicht mehr unter den Teppich kehren. Ungeniert berichten User in den Plattformen über ihre Erfahrungen mit Anbietern, Unternehmen und Dienstleistern. Gute wie schlechte Erfahrungen treten so in Sekundenschnelle die Reise rund um den Globus an. Ob Sie wollen oder nicht, man spricht über Sie als Verkäufer, über Ihre Produkte und natürlich über Ihr Unternehmen. Daher gilt: Reden Sie mit!

THINK BY FINK

KjF **KLAUS-J. FINK** TOPSELLING

Kontakte sind potenzielle Kontrakte.

3.3 Empfehlungsmarketing

»Unter bestimmten Umständen ist ein Steckbrief ein Empfehlungsschreiben.«
WIESLAW BRUDZINSKI

Dass wir in turbulenten Zeiten leben, bestreitet ernsthaft niemand. Auffällig ist, dass die Einschläge immer schneller kommen. Rückblickend fällt auf, dass das erste Jahrzehnt des neuen Jahrtausends eher durch Krisen und weniger durch Aufbruchstimmung in Erinnerung bleiben wird. Das Platzen der Internetblase, der Terrorangriff in den USA, zwei Kriege und natürlich die Finanzkrise sind hier zu nennen. Auch wenn es bei der Finanzkrise um Geld und Finanzen geht, so wird bei genauerer Betrachtung klar, dass es eher eine Vertrauenskrise war, welche die Welt an den Rand des Abgrunds gebracht hat. Daraus resultiert, dass Menschen immer vorsichtiger werden und Fremden noch misstrauischer gegenübertreten als bisher. Für Verkäufer ist diese Form der Ablehnung nicht nur ein Problem, sondern sogar existenzgefährdend. Wer das Register der Neukundengewinnung von Kaltakquise bis hin zu Massenmailings zieht, wird feststellen, dass viele Maßnahmen das »Herz« des Kunden nicht mehr erreichen. Etliche Menschen haben einen Schutzwall errichtet, der insbesondere von Verkäufern mit Erstkontakt so gut wie nicht zu überwinden ist.

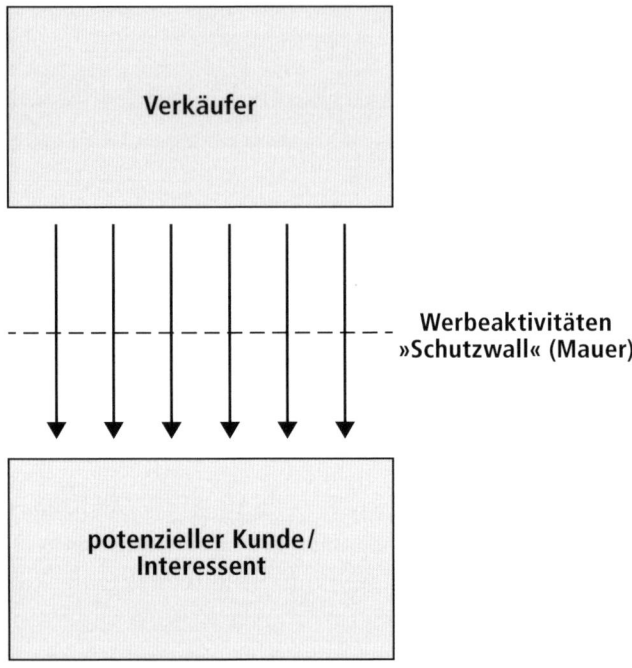

Verkäufer

Werbeaktivitäten
»Schutzwall« (Mauer)

potenzieller Kunde/
Interessent

Verkäufer scheitern am Schutzwall

TopSeller wissen natürlich um die Bedeutung ihrer Stammkunden, weshalb sie einen Großteil ihrer Arbeit damit verbringen, diese zu betreuen. Das spart Zeit und Geld fürs Unternehmen. Untersuchungen[44] haben ergeben, dass etwa bei
Online-Händlern bis zu 80 Prozent des Marketing-Budgets für
die Neukundengewinnung und nur 20 Prozent für die Stammkunden ausgegeben wird. Dieses viele Geld ließe sich größtenteils einsparen, wenn die Stammkundenansprache und der
Servicegedanke mehr im Vordergrund stehen würden und
nicht nur die Jagd nach neuen Kunden. Für einen guten Service ist jeder zweite Kunde bereit, mehr zu zahlen.

Leistung wird belohnt, das ist das Fazit aus zahlreichen Studien. Kunden, die mit den Mitarbeitern eines Unternehmens, mit deren Produkten und Service zufrieden sind, sind natürlich hervorragende Werbeträger. Sie sind sogar die besten Verkäufer der Welt, die zudem sogar noch ohne Lohn arbeiten.

Wenn wir uns den Begriff *Kunde* genauer anschauen, können wir *kundtun / künden* daraus ableiten. Genau das passiert. Ein Kunde tauscht sich täglich mit anderen Menschen aus. Man spricht über dies und das, über Gutes wie Schlechtes. Natürlich prahlt man auch mit neuen Errungenschaften, insbesondere wenn es um die Eroberung des anderen Geschlechts geht oder das neue Auto. Auch über neue Anschaffungen wird gesprochen. Ob negativ oder positiv, das haben Verkäufer wie Unternehmer in der Hand. Wer die Erwartungshaltung seiner

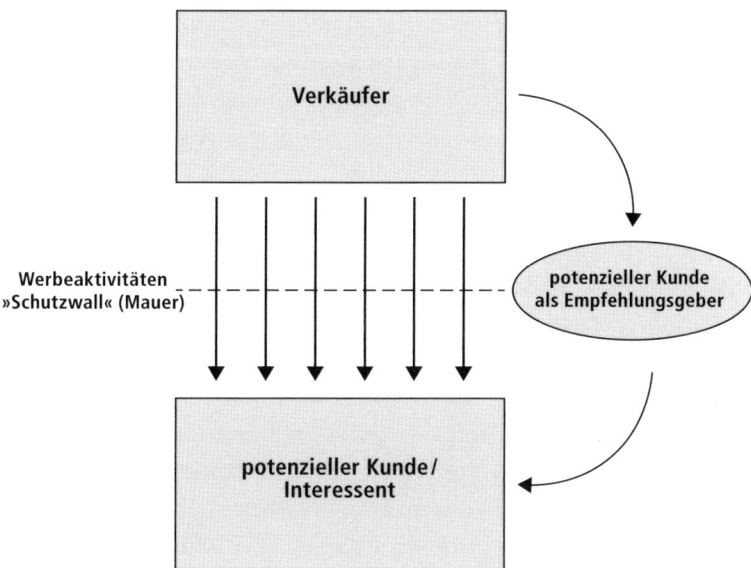

TopSeller umgehen den Schutzwall

Kunden nicht nur erfüllt, sondern übertrifft, darf sich auch in den Monaten nach dem Verkauf des Zuspruchs sicher sein. Das wissen TopSeller, weshalb sie buchstäblich Himmel und Hölle in Bewegung setzen, um einen guten Job zu machen. Gelingt ihnen das, nutzen sie nun diesen Kundenkontakt für weitere Aktivitäten.

»Willst du überzeugen, brauchst du einen Zeugen«, nach dieser Devise handeln TopSeller. Ein zufriedener Kunde ist ein verlässlicher Empfehlungsgeber, nicht zuletzt, weil er sich in dieser Rolle wohlfühlt. Wer verlässt sich nicht gern auf andere, wenn es darum geht, sichere Entscheidungen zu treffen? Ob der Steuerberater, den man engagiert, gut ist, lässt sich frühestens in einigen Jahren und nach der Steuerprüfung durch das zuständige Finanzamt beantworten. Erst Wochen nach dem Tragen einer neuen Brille lässt sich verbindlich sagen, inwieweit der Optiker einen guten Job gemacht hat. Unternehmer, die mit einem Trainer ihr Unternehmen nach vorne bringen wollen, können die Erfolge erst Monate danach bewerten. Kurzum: Immer dann, wenn wir Entscheidungen treffen müssen, die außerhalb unserer Erfahrung liegen, tun wir uns schwer. Zu groß ist die Angst, etwas falsch zu machen. Deshalb greifen wir nach äußerer Unterstützung. Durch eine verlässliche Empfehlung reduzieren wir nicht nur die Angst vor dem Unbekannten, sondern auch die Trial-and-Error-Phase (Versuch und Irrtum).

Durch einen Empfehlungsgeber hat der Verkäufer nahezu *vorverkauft*, da ein entsprechender Vertrauensbonus besteht. Bei jeder Art der Kundengewinnung schaltet sich das menschliche Unterbewusstsein ein. Es flüstert und hämmert uns Botschaften ins Gedächtnis, damit wir unsere Vorsicht nicht außer Acht lassen: *»Das leuchtet ein, dass dieser Mensch (Verkäufer) sein*

Produkt, sein Unternehmen, sein Angebot über den grünen Klee lobt.
Er will ja mit dir ins Geschäft kommen, für das du bezahlen sollst.
Aber sagt er dir die Wahrheit?« Der innere Dialog verläuft vollkommen anders, wenn der Erstkontakt über eine Empfehlung kommt. Durch diesen Vertrauensbonus reagiert das Unterbewusstsein mit einer positiven Affirmation: »*Aha, wenn Herr ABC dieses Produkt bereits nutzt und damit zufrieden ist und es gleichzeitig noch an mich weiterempfiehlt, dann muss es einfach gut sein.*« Durch die Empfehlung wird das eigennützige Denken, das der Kunde dem Verkäufer berechtigterweise (sehen Sie mir das nach) unterstellt, geradezu aufgehoben. Dieser Vertrauensbonus ist ganz entscheidend für die höhere Effizienz gegenüber anderen Akquisemaßnahmen. Die Effizienz spiegelt sich in einem deutlich höheren Abschlussverhältnis wieder, sei es in Bezug auf die Anzahl der Präsentationen, Termine oder auf den Geschäftsabschluss im engeren Sinne.

Der persönliche Rat von uns nahestehenden Menschen bedeutet uns viel. Eine Studie der Nielsen Company drückt sehr deutlich aus, dass wir von allen möglichen Werbeformen den Empfehlungen von Freunden und Bekannten am meisten vertrauen.

Umgekehrt ist aus betriebswirtschaftlicher Sicht Empfehlungsmarketing die günstigste Methode zur Erschließung neuer Umsatzpotenziale. Während in jeder Bilanz die Kosten für Mailingaktionen, Anzeigenschaltung und andere Werbeaktivitäten erfasst werden, findet sich für die Position Empfehlungsmarketing kein Eintrag – diese Form der Neukundengewinnung kostet ja keinen Cent. Insofern ist es äußerst bemerkenswert, dass die Verantwortlichen ihre Bilanz nur mit Blick auf Kosten durchforsten und dabei die wirklichen Umsatzbringer übersehen.

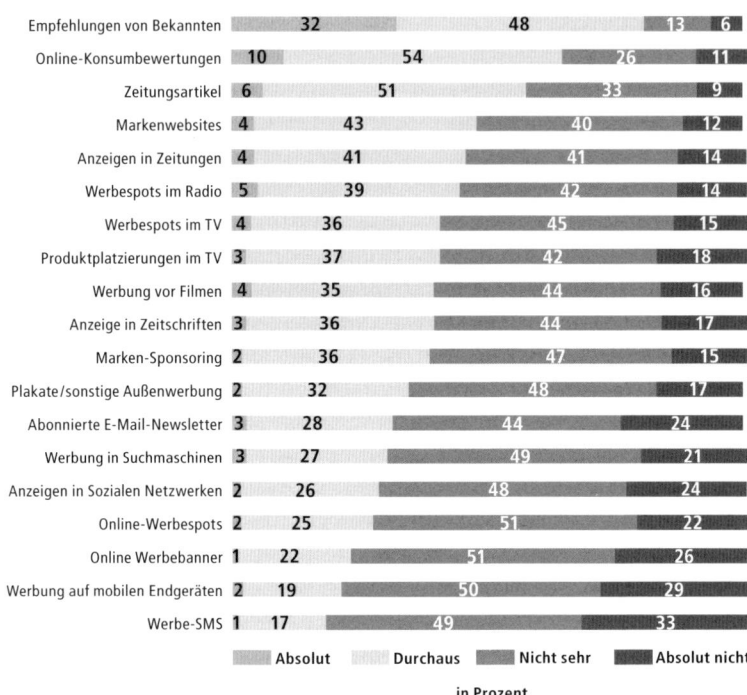

	Absolut	Durchaus	Nicht sehr	Absolut nicht
Empfehlungen von Bekannten	32	48	13	6
Online-Konsumbewertungen	10	54	26	11
Zeitungsartikel	6	51	33	9
Markenwebsites	4	43	40	12
Anzeigen in Zeitungen	4	41	41	14
Werbespots im Radio	5	39	42	14
Werbespots im TV	4	36	45	15
Produktplatzierungen im TV	3	37	42	18
Werbung vor Filmen	4	35	44	16
Anzeige in Zeitschriften	3	36	44	17
Marken-Sponsoring	2	36	47	15
Plakate/sonstige Außenwerbung	2	32	48	17
Abonnierte E-Mail-Newsletter	3	28	44	24
Werbung in Suchmaschinen	3	27	49	21
Anzeigen in Sozialen Netzwerken	2	26	48	24
Online-Werbespots	2	25	51	22
Online Werbebanner	1	22	51	26
Werbung auf mobilen Endgeräten	2	19	50	29
Werbe-SMS	1	17	49	33

in Prozent

Quelle: Nielsen Global Survey 01/2013

Empfehlungsgeschäft ist Vertrauensgeschäft. Nur wer von den Leistungen überzeugt ist, wird Empfehlungen aussprechen. Schließlich steht auch die eigene Reputation auf dem Spiel, wenn einem Freund eine »gute« Empfehlung gegeben wird, die am Ende nicht hält, was sie verspricht. Hier ist der TopSeller gefragt. Wer ehrlich berät, Zusagen einhält und mit einem guten Service glänzt, sorgt automatisch dafür, dass er im Gespräch bleibt. Mehrfach konnten Sie lesen, dass der Beruf des Verkäufers ein Verhaltens- und weniger ein Wissensberuf ist. Spätestens wenn es um eine Empfehlung geht, wird dieser Unterschied sichtbar. Wer seine Kunden buchstäblich in Grund und Boden redet, hat keine Chance, weiterempfohlen zu werden. Wer es versteht, eine emotionale Verbundenheit mit seinem Gesprächspartner herzustellen, macht sich empfehlenswert. Wie oben schon gesagt – Wirkung beruht mehr auf Persönlichkeit und sozialer Kompetenz als auf fachlicher Qualifikation. Zu dem Thema konnten Sie ja in der Einführung schon einiges lesen.

Für mich ist Empfehlungsmarketing der Königsweg zur Neukundenakquise und so etwas wie ein verkäuferisches Perpetuum mobile. Dabei braucht es zu Beginn gar nicht die Masse an Empfehlungen, wobei es jedem selbst überlassen ist, wie viele Empfehlungen er seriös und kundenorientiert abarbeiten kann. Auch spielt die Branche eine Rolle. Finanzberater brauchen mehr Empfehlungen als Verkäufer von Investitionsgütern. Dennoch gilt: Qualität geht vor Quantität. Selbst wenn ein TopSeller aus einem Gespräch nur einen Kontakt erhält und dieser Kontakt nach einem erfolgreichen Geschäftsabschluss selbst einen neuen Kontakt nennt, braucht es nicht viel Fantasie, um sich vorzustellen, welchen paradiesischen Zeiten TopSeller entgegengehen, insbesondere dann, wenn sie aus Kunden Stammkunden machen. Für TopSeller ist es überdies selbstverständlich, den Empfehlungsgeber auf dem Laufenden zu halten. Gleichgültig, ob es beim neuen Kontakt zu einem Abschluss gekommen ist oder nicht. Es geht darum, die Bereitschaft des Empfehlungsgebers durch Anerkennung zu würdigen.

Bereits 2004 schrieb der bekannte US-amerikanische Wirtschaftsstratege Frederick F. Reichheld in einem Beitrag für das renommierte Magazin »Harvard Business Manager« über die Bedeutung von Kundenloyalität. Für ihn ist diese einer der wichtigsten Faktoren für ein nachhaltiges unternehmerisches Wachstum. Aufgrund von zahlreichen Studien, die er zusammen mit anderen Experten durchführte, stellte er fest, dass Unternehmen keine komplexen Kundenanalysen mehr benötigen, um die Kundenloyalität zu messen. Sie benötigen nur noch eine oder zwei Fragen, die kontinuierlich den richtigen Kunden gestellt werden und auf deren Resultate das Unternehmen rasch reagieren kann. Als die mit Abstand effektivste Frage aus über 300 Studien in 30 Branchen hat sich folgende gezeigt: *»Wie wahrscheinlich ist es, dass Sie das Unternehmen X an Ihren besten Freund oder Ihren besten Kollegen weiterempfehlen werden?«*[45]

Manchmal liegen die Dinge wirklich so einfach. Statt viel Geld in das Erheben von Daten zur Kundenzufriedenheit zu investieren, reicht das gesprochene Wort in Form einer Frage. Anhand der so ermittelten »Daten« sollte es für Unternehmer nun ein Leichtes sein, Schwachstellen abzustellen, Mängel zu beseitigen und Fehler zu beheben. Dadurch wird die Zahl der ausgesprochenen Empfehlungen signifikant erhöht.

Empfehlungsmarketing ist auch deshalb der Königsweg für jedes Unternehmen, weil es für dauerhafte Einnahmen sorgt. Es ist nicht nur das Geld des Kunden, sondern auch das Geld von Menschen aus seinem Umfeld, das so in die Firmenkasse fließt. Wer seinen Kunden immer wieder gute Gründe liefert, bei ihm selbst (und dem dahinterstehenden Unternehmen) zu kaufen, schafft eine Vertrauensbasis, die Außenstehende nur schwer zerstören können. Diese Kundenloyalität macht aus »normalen« Kunden Unternehmensbotschafter, die leidenschaftlich und gern von ihren positiven Erfahrungen berichten.

Sicher haben Sie schon einmal vom »Kleine-Welt-Phänomen« gehört. Der 1967 vom amerikanischen Psychologen Stanley Milgram geprägte Begriff besagt, dass jeder Mensch jeden beliebigen anderen Menschen über durchschnittlich sechs Ecken kennt. Eine für damalige Verhältnisse gewagte Feststellung, die nun im Zeitalter des Internets eindrucksvoll bestätigt wurde. In einer Studie[46] untermauerten der Wissenschaftler Jure Leskovec von der Carnegie Mellon University und Eric Horvitz von Microsoft Research diese Theorie. Hierzu griff man auf einen Datenbestand zurück, wie ihn nur das weltumspannende Internet ermöglicht. Somit konnten mehr als 240 Millionen Instant-Messenger-Accounts analysiert werden. 30 Milliarden Einzelverbindungen umfassen die Protokolle, das nach Aussagen der Forscher größte je analysierte soziale Netzwerk. Das Ergebnis dieser langwierigen Untersuchung ist eindeutig: Durchschnittlich 6,6 Personen lang ist die Kette, die zwei Menschen verbindet. 48 Prozent aller Personen können somit über sechs Stationen erreicht werden.

Für Sie als TopSeller bedeutet das, dass jeder Mensch zwischen 50 und 70 Personen gleicher Interessenrichtung und Einkommenssituation kennt. Das heißt, dass ein Gutverdiener mit einem Jahreseinkommen von 250 000 Euro etliche kennen wird, die er zu seinen Freunden und Bekannten zählt, die ähnlich gut verdienen. Sie teilen dieselben Vorlieben, Hobbys und Leidenschaften. Die Wahrscheinlichkeit, dass ein 250 000-Euro-Verdiener sich eher mit 40 000-Euro-Verdienern »umgibt«, ist gering. Wenn es Ihnen als TopSeller gelingt, den ersten dieser 250 000-Euro-Verdiener als Kunden zu gewinnen und hier durch Leistung dauerhaft zu überzeugen, ist die Wahrscheinlichkeit sehr groß, dass dieser Kunde ein aktiver Empfehlungsgeber wird, der Sie und Ihr Unternehmen weiterempfiehlt. Selbst wenn das nicht von allein geschieht, dürfen Sie durchaus nach Empfehlungen fragen. Behalten Sie immer im Auge, dass es Emotionen sind, die bei allen Geschäften die entscheidende Rolle spielen. Eine Empfehlung, die »vom Kopf«

her kommt, ist in der Regel weniger wert. Sie muss aus dem Bauch und damit über Emotionen kommen, dann ist sie erfolgversprechend. Empfehlungen müssen verdient werden.

Wichtig erscheint in diesem Zusammenhang Ihre innere Einstellung. Wie ist es um Sie bestellt, wenn Sie von einem Verkäufer nach einer Empfehlung gefragt werden? Wie reagieren Sie? Sind Sie dieser Frage gegenüber aufgeschlossen und nennen gern Namen, oder schrecken Sie zurück und bitten um einige Tage Bedenkzeit? In diesem Fall wird es für Sie als Verkäufer schwierig, selbst gute Empfehlungen zu bekommen. Wenn Sie nicht bereit sind, Empfehlungen zu geben, wie können Sie sie dann von anderen einfordern? Es hat nichts mit Spiritualität zu tun, wenn ich von Gesetzmäßigkeiten zwischen Himmel und Erde spreche und hier vom Gesetz der Resonanz. Das, was wir aussenden, kommt zurück. Wer selbst nicht bereit ist, Empfehlungen auszusprechen, darf nicht erwarten, welche von anderen zu erhalten.

Empfehlungsmarketing arbeitet, wie oben schon erwähnt, nach der Erkenntnis: »*Überzeugen kann man besser über einen Zeugen.*« Verkäufer, die sich diese Zusammenhänge bewusst machen und kontinuierlich nach Empfehlungen fragen, arbeiten auf einen sogenannten Empfehlungskreislauf hin. Mit einem solchen verfügen TopSeller immer über eine der wichtigsten Grundlagen für den Erfolg im Vertrieb: ausreichendes qualifiziertes Adresspotenzial. Weniger erfolgreiche Verkäufer unterliegen der irrigen Annahme, man könne nur dann nach Empfehlungen fragen, wenn der Kunde zuvor das Geschäft abgeschlossen hat. Mit einer solchen Einstellung bringt man sich um gute Möglichkeiten.

TopSeller sind sich darüber im Klaren, dass der Kontakt zu Interessenten und Kunden für beide Seiten fruchtbar ist und jeder daraus seine Vorteile ziehen kann. Wenn ein Kunde nach einem Gespräch die Entscheidung trifft, dass er das Angebot nicht nutzen will, dann ist das sein gutes Recht. Er weiß aber auch, dass er von dem Nutzen der Informationen profitiert. Deshalb ist es für TopSeller selbstverständlich, auch dann die Empfehlungsfrage zu stellen. Seine Einstellung manifestiert sich gedanklich wie folgt: »*Wenn ich schon den Aufwand betrieben habe, zu diesem Kunden zu fahren, entsprechend viel Zeit in das Gespräch investiert habe und die Chance für einen zukünftigen Abschluss nach jetziger Erkenntnis nur sehr gering ist, dann werde ich alles dafür tun, einen Teilerfolg in Form einer qualifizierten Empfehlung zu erreichen.*« Es ist der innere Dialog, der am Ende über weitere Kontakte entscheidet.

Noch mehr Informationen zu diesem Thema finden Sie in meinem Buch »Empfehlungsmarketing: Königsweg der Neukundengewinnung«.

THINK BY FINK   **KLAUS-J. FINK** TOPSELLING

Eine mittelmäßige Frage nach einer Empfehlung ist immer noch besser als gar keine Frage nach neuen Kontakten. Keine Neukunden haben Sie immer!

3.4 After-Sales-Marketing

*»Firmen, die ihre Kunden verlieren, geben meist allen
möglichen Einflüssen die Schuld. Häufig ist es aber der
einfachen Tatsache zuzuschreiben, dass sie ihre Kunden
nach dem Kauf buchstäblich vergessen.«*
FERDINAND PORSCHE

TopSeller freuen sich über jeden erfolgreichen Geschäftsabschluss, den sie hin und wieder auch gebührend feiern. Für
sie ist dieser Erfolg allerdings ein Etappensieg. Mit der Vertragsunterschrift endet nicht etwa die Arbeit, sie beginnt für
den TopSeller in diesem Moment. In der Einleitung zitierte
ich den erfolgreichsten Autoverkäufer der Welt, Joe Girard.
Erinnern Sie sich noch an seine Worte? *»Autos zu verkaufen ist
wie eine Ehe: Die eigentliche Arbeit beginnt nach der Hochzeit. Die
meisten Männer vergessen, dass man sich dem anderen jeden Tag aufs
Neue verkaufen muss!«*

Gespräche und Verkäufe, die nur über den Preis geführt werden, sind aus Kundensicht schnell vergessen. Der Kunde erwartet so etwas wie »Business Excellence«, also eine herausragende Leistung, und zwar vor Vertragsabschluss (Pre-Sales)
und nach dem Verkauf, insbesondere im Supportfall (After-
Sales). Eine Erkenntnis, die so neu nicht ist. Bereits in der
Einführung habe ich hierzu den US-Managementtrainer Tom

Peters zitiert, der Kundenverluste auf mangelnden Service zurückführt.

Wer heute in der EU als Gewerbetreibender etwas verkauft, muss in seinen Verträgen eine Widerrufsklausel verwenden, die dem Kunden die Möglichkeit einräumt, innerhalb gesetzlicher Fristen vom Kauf zurückzutreten. Der alte Kaufmannsspruch *»Erst wenn die Tinte unter'm Vertrag trocken ist, ist das Geschäft in trockenen Tüchern«* hat ausgedient. Erst wenn die Widerrufsfrist verstrichen ist, ist ein Geschäft wirklich unter Dach und Fach. Natürlich lediglich für die »Druckverkäufer«, die nur darauf aus sind, schnell Geld zu verdienen, und sich dann nicht mehr um den Kunden kümmern. TopSeller kennen keine Fristen. Für sie ist wichtig, dass sich der Kunde mit seiner Kaufentscheidung nicht nur einige Wochen gut fühlt, sondern für immer.

Deshalb kümmern sie sich im Rahmen ihrer Möglichkeiten dauerhaft um ihn. Natürlich auch im eigenen Interesse, ganz besonders in den Tagen nach dem Verkauf, um dem Kunden eventuelle *Kaufreue* zu nehmen. Wir alle kennen das: Je größer der Betrag, den wir ausgeben, desto größer ist die Unsicherheit, die nicht mit dem Kauftag verfliegt, sondern sich hartnäckig hält. Wir beschäftigen uns einige Tage gedanklich mit unserer Entscheidung. Auch wenn wir den Vertrag unterschrieben haben, so hinterfragen wir ständig, ob diese Entscheidung richtig war.

TopSeller wissen um diese »selbstzerstörerischen« Kräfte, mit denen sich ein Kunde nach einer Kaufentscheidung herumplagt. Deshalb suchen sie in den Tagen nach der Vertragsunterschrift das Gespräch mit ihm. Das Gespräch – nicht die Kommunikation. Dieser Unterschied ist wichtig. Im digitalen

Zeitalter glauben viele Verkäufer, die Sorgen und Ängste ihrer Kunden mit einer E-Mail oder einem Brief aus der Welt zu schaffen. Darin sieht der Kunde sich nur als »einer unter vielen« bestätigt. TopSeller greifen zum Telefonhörer und sprechen auf Augenhöhe mit dem Kunden. Sie bestätigen ihn in seiner Entscheidung, warten mit neuen Informationen auf und präsentieren eine »Belohnung«. Diese »Belohnung« ist wichtig, weil sie beim anderen Glücksgefühle auslöst. Schuld daran ist das körpereigene Rauschmittel Dopamin. Dieses wird u. a. dann freigesetzt, wenn der Mensch »überrascht« wird. Diese Substanz regt besonders die Zentren im Gehirn an, die das Verhalten, die Motivation und die Lernfähigkeit steuern. Ob Internet oder TV-Shopping, die Anbieter nutzen diese Erkenntnis für ihre Geschäfte. *»Wenn Sie heute bestellen, dann bekommen Sie noch A, B und C im Wert von 29,95 Euro dazu. Bestellen Sie jetzt!«* So oder ähnlich lauten die Werbebotschaften. Ein in diesem Moment von Dopamin gesteuerter Kunde ist diesem Werben schnell erlegen, weil er für seine Bereitschaft, jetzt zu kaufen, durch viele Zusatzgeschenke belohnt wird.

Kunden verlangen nach Anerkennung, und die können Sie ihnen geben, ohne dafür tief in die Tasche greifen zu müssen, so wie die TV-Shopping-Kanäle. Je mehr Ware verschenkt wird, desto höher sind die Kosten. Im Zeitalter von Handy mit Flatrate können Sie etwas verschenken, was unbezahlbar ist: Zuneigung. Es überrascht immer wieder, dass diese einfache Möglichkeit, mit dem Kunden zu »kuscheln«, so gut wie gar nicht genutzt wird. »Preiswerter« geht es kaum noch.

Stellen wir uns einen vielbeschäftigten Zahnarzt vor. Auch wenn nur wenige Menschen uns körperlich so nah kommen wie er, so bleibt häufig keine Zeit für persönliche und intensive

Gespräche. Der Kostendruck im Gesundheitswesen zwingt den Ärzten immer mehr Termine auf, die im Fließbandverfahren abgearbeitet werden. Der Patient ist nur noch eine Nummer! Daher kämpft auch ein Zahnarzt um Stammkunden. Fehlt es an der Zeit für persönliche Gespräche, fehlt es auch an Kundentreue. Die lässt sich nur schwer durch zusätzliche Marketingausgaben erzwingen.

Unterstellt, es muss Ihnen ein Weisheitszahn gezogen werden. Was für den Arzt Routine ist, ist für Sie ein Höllentrip. Dennoch stehen Sie tapfer Ihren Mann / Ihre Frau. In weniger als zehn Minuten ist der Zahn gezogen und der Zahnarzt bereits zum nächsten Termin verschwunden. Seine Arzthelferinnen versorgen Sie noch mit dem Nötigsten. Etwas benommen vom Eingriff verlassen Sie die Praxis, um sich zu Hause auf die Couch zu legen. Wie überrascht werden Sie sein, wenn am Abend das Telefon klingelt und der Zahnarzt am anderen Ende der Leitung zu Ihnen spricht: *»Guten Tag, Herr Müller. Ich hoffe, es geht Ihnen den Umständen entsprechend gut. Der Zahn ist gezogen und wird Ihnen fortan keine Schmerzen mehr bereiten. Ich weiß, was Sie im Augenblick durchmachen. Haben Sie noch Fragen oder kann ich Ihnen irgendwie anders behilflich sein?«*

Es spielt dabei keine Rolle, ob der Zahnarzt Ihnen das persönlich sagt oder diese Nachricht auf Ihren Anrufbeantworter gesprochen hat. Sie sind angenehm verblüfft. Durch diese kleine Aktion, die den Zahnarzt keine fünf Minuten seiner Zeit kostet, wird die Dopamin-Produktion in Ihrem Gehirn angeregt. Sie fühlen sich deutlich besser, weil es einen Menschen gibt, der sich um Sie kümmert. Für diesen Menschen sind Sie so wichtig, dass er Sie anruft trotz seiner vielen anderen Patienten und Termine. Wann immer Sie in Jahren danach zum Zahnarzt müssen, Sie werden diesen und keinen anderen aufsuchen. Diese Begeisterung für Ihren Zahnarzt werden Sie überdies anderen »verkaufen«.

Ein Zahnarzt, der sich von seiner Arzthelferin nur zwei Patientennamen aufschreiben lässt, die an diesem Tag einen größeren Eingriff über sich haben ergehen lassen müssen, betreibt die beste Form der Patientenbindung. Auf dem Weg von der Praxis nach Hause telefoniert er mit diesen zwei Patienten. Diese Geste wirkt tief ins Unterbewusstsein der Patienten, während der Zahnarzt fast ohne Zeitaufwand und Mehrkosten die Zahl seiner Stammkunden erhöht. Zwei Patienten am Tag anzurufen ergibt zehn Gespräche in der Woche, rund 40 im Monat und fast 500 im Jahr. Mit weniger als zehn Minuten Aufwand am Tag können so Hunderte von Patienten zu Stammkunden gemacht werden.

Neben dem Dopamin gibt es noch einen weiteren Glücksmacher in unserem Kopf, und zwar das Oxytozin. Dieses überschwemmt unseren Körper zum Beispiel beim Orgasmus, weshalb wir uns so gut dabei fühlen. Es gibt einer körperlichen Berührung den Hauch von Magie und es baut Stress ab! Diese Wunderdroge kann noch mehr, was für TopSeller von größtem Nutzen ist. Das Oxytozin spielt eine zentrale Rolle für das Sozialverhalten insgesamt. Es lenkt den Fokus speziell auf positive soziale Informationen und schafft so Vertrauen. »*Oxytozin, soziale Beziehungen und Vertrauen – das gehört zusammen*«, sagt der deutsche Psychologe Markus Heinrichs.[47]

Eine Züricher Arbeitsgruppe um Markus Heinrichs fand in Experimenten heraus, dass Oxytozin genau in dem Hirnareal wirkt, das für Angst zuständig ist, der sogenannten Amygdala. Die Hirnregion, die dann aktiviert wird, wenn Konflikte abzuwägen sind, wird als *dorsales Striatum* bezeichnet. Immer dann, wenn wir nicht ganz sicher sind, hilft diese Region, eine Entscheidung zu treffen. Oxytozin bewirkt nun, dass Entscheidungsprozesse erheblich beschleunigt werden. *»Das Gehirn belohnt soziales Annäherungsverhalten«,* kommentiert Markus Heinrich das Ergebnis. Aus Verkäufersicht ist das eine wichtige Erkenntnis. Offensichtlich neigen wir Menschen dazu, unser Verhalten, unbewusst wie bewusst, so zu steuern, dass es zu einer erhöhten Oxytozin-Ausschüttung kommt. Dadurch schließen sich Störungen zwischenmenschlicher »Schwingungen« und Empathie aus. Zurück und dauerhaft gespeichert bleiben Erinnerungen an Menschen, die uns entgegenkommend behandelt haben, anerkennend und nicht verachtend, die uns, wie auch immer, mögen. Zu diesen Menschen gehen wir gerne. Wir freuen uns auf Gespräche und Geschäfte mit ihnen. TopSeller sind in der Lage, durch ihr Verhalten die Oxytozin-Produktion ihrer Gesprächspartner zu stimulieren. Ihnen ist deshalb ein VIP-Platz im Erinnerungsspeicher des Kunden sicher. Diesen Platz wird ihnen kaum ein Konkurrent streitig machen, weshalb viele Kunden eher durch das sprichwörtliche Nadelöhr gehen würden als zur Konkurrenz.

Diesen aus Verkäufersicht wichtigen Botenstoff Oxytozin könnte man als »Kuschelgen« bezeichnen. TopSeller kuscheln im übertragenen Sinne mit ihren Kunden, wann immer es ihnen möglich ist. Diese »Kuschel-Calls« dienen nicht dem Verkauf, sondern der Beziehungspflege und Serviceorientierung. Es geht in diesen Calls nicht darum, dem Kunden noch mehr zu verkaufen, sondern die bestehende Geschäftsbeziehung zu vertiefen und zu stabilisieren. Kundenloyalität, das wissen Sie aus dem vorherigen Kapitel, ist das Stichwort. Diese Loyalität bekommen Sie nur, wenn Ihre Kunden nicht nur zufrieden sind, sondern begeistert. Sie müssen tatsächlich im »Geist« des Kunden handeln, dann erreichen Sie die Gehirnzentren, die für den Entscheidungsprozess verantwortlich sind, schneller und effizienter.

Verkäufer sollten den Unterschied zwischen Zufriedenheit und Begeisterung kennen. »Zufriedenheit«, so schreibt der Duden sinngemäß, »ist eine Art innerliche Ausgeglichenheit; nach nichts anderem zu verlangen; einverstanden sein mit den Verhältnissen …«. Zufriedenheit ist eine Art Relax-Zustand. Schon bemerkenswert, was Goethe einst sagte:

> »Wenn ein paar Menschen miteinander recht zufrieden sind, kann man meistens versichert sein, dass sie sich irren.«

Ganz anders dagegen die Begeisterung. Begeisterung ist Power, ist Magie und Lebensfreude. Begeisterung führt dazu, dass 60 000 Menschen im Fußballstadion ihre Mannschaft anfeuern. Begeisterung lässt die Menschen in Hallen strömen, wo sie zu Zehntausenden ihrem Musikidol zuhören. Nach jedem Song springen sie von den Stühlen, klatschen frenetisch Beifall und schreien: »Zugabe, Zugabe!« Verkäufer sind zufrieden, TopSeller leben Begeisterung. Sie sind enthusiastisch, l(i)eben Leidenschaft und strahlen aus sich heraus. Das macht sie so sympathisch, denn Begeisterung ist ansteckend.

Nehmen wir an, bei Ihnen um die Ecke gibt es ein italienisches Restaurant, das Sie zum ersten Mal besuchen. Das Essen schmeckt Ihnen, der Wein hat die richtige Temperatur und der Service überzeugt mit Aufmerksamkeit. Sie sind mit allem zufrieden. Einige Tage später fragt Sie Ihr Freund nach einem empfehlenswerten Italiener. Sie berichten von Ihrem Erlebnis und sagen: »Der ist gut, da kannst du hingehen.« Diese Empfehlung erfolgt aufgrund Ihrer Zufriedenheit.

Einige Wochen später eröffnet ein Italiener sein Restaurant in Fußweite zu Ihrer Wohnung. Sie gehen dorthin und bestellen sich den Spezialitätenteller des Hauses. Wie sich herausstellt, eine riesige Portion, die Sie nicht »schaffen«. Sie bitten den Kellner, den Rest einzupacken. Als Grund nennen Sie einen Hund, den Sie nicht haben, aber die Woche ist noch lang und das so Mitgenommene dürfte dafür reichen. Der Kellner bringt Ihnen mit dem Lunchpaket die Rechnung und zwei Grappa auf Kosten des Hauses. Es folgt ein Espresso, und plötzlich wird es richtig kuschelig. Die italienische »Mamma«, die für Sie und die anderen Gäste so großartig gekocht hat, tritt aus der Küche an Ihren Tisch, um ein »Oh sole mio« zum Besten zu geben. Sie wollten schon vor zwei Stunden gehen, doch lässt Sie die Atmosphäre nicht los. Kurzum: Sie haben sich noch nie so wohl gefühlt. Am nächsten Tag erzählen Sie Ihrem Kollegen von diesem Restaurant und legen ihm nahe, es so schnell wie möglich zu besuchen. Der winkt ab, weil er sich gerade in einer Diät befindet. Das interessiert Sie nicht wirklich. Sie schwärmen von dem Erlebten. Anders ausgedrückt: Sie verkaufen ihm dieses Restaurant. Das ist Begeisterung. Sind Sie wirklich begeistert, dann missionieren Sie bei anderen, so wie TopSeller es tun. Sie begeistern Ihre Kunden durch die zuvor erwähnten »Kuschel-Calls«.

Kümmern Sie sich um Ihren Kunden, dann kümmert sich der Kunde um Sie (Empfehlungsmarketing). Kümmern Sie sich nicht um Ihren Kunden, dann kümmert sich bald jemand anderes um Ihren Kunden.

THINK BY FINK

 KLAUS-J. FINK TOPSELLING

Wer sich nicht um seine Kunden kümmert, treibt sie direkt in die Arme der Mitbewerber, die sich – Achtung! – gerne kümmern. Daher lautet meine Botschaft: Werden Sie ein Kümmerer!

3.5 Das Gesetz der Zahl

»Die Zahl ist das Wesen aller Dinge.«
PYTHAGORAS

Zahlen – daraus besteht auch die Welt des Vertriebs. Und doch überrascht es immer wieder, wie wenig Verkäufer ihren Zahlen Beachtung schenken. Wie ist es bei Ihnen? Können Sie aus dem Stegreif sagen, wie viele Termine Sie im ersten, zweiten, dritten und vierten Quartal eines Vertriebsjahres wahrgenommen haben? Wie viele Gespräche führten Sie in dieser Zeit mit Neukunden, wie viele mit Stammkunden? Wie oft greifen Sie am Tag zum Telefon, um Ihre Kunden anzurufen? Wie sieht Ihr Abschlussverhältnis aus? Wie groß ist Ihr Durchschnittsumsatz? TopSeller können diese Fragen beantworten. Weniger erfolgreiche Verkäufer interessieren sich dafür nicht. Wer sich mit Zahlen nicht beschäftigt, weiß gar nicht, warum er bereits erfolgreich ist. Und wer nicht weiß, warum er schon erfolgreich arbeitet, findet auch nicht die »Stellschrauben«, an denen er drehen muss, um noch erfolgreicher zu werden.

Vertrieb ist ein Spiel mit Zahlen. Wer sie beherrscht, beherrscht sein Geschäft. Deshalb nehmen TopSeller auch kleine Zahlen sehr ernst, wissen sie doch, dass daraus Großes entstehen kann. Sie kennen sicher auch die Geschichte vom König, der sich langweilte. Er rief seine Untertanen dazu auf, ihm diese seine Langeweile zu vertreiben. Doch so sehr sie sich auch bemühten, es gelang ihnen nicht. Das Blatt wendete sich, als ein Bauer dem König sein neues Spiel vorstellte. Sie spielten es und der König war begeistert. Deshalb gewährte er dem Bauern einen Wunsch. Der Bauer, der diesem Spiel den Namen *Schach* gab, erklärte, dass es ja auf dem Spielbrett 64 Felder gäbe. Er wünschte sich ein Reiskorn, das er auf das erste Feld legte. Nun sollte sich die Zahl der Reiskörner mit jedem weiteren Feld verdoppeln. Somit wären es auf dem zweiten Feld zwei Körner, auf dem dritten vier und auf dem vierten acht Körner. Der König schmunzelte, hatte er doch mit einer viel größeren Forderung gerechnet. Der König gewährte den Wunsch und musste schon bald feststellen, dass er ihn nicht erfüllen konnte. Woher sollte er mehr als 18.000.000.000.000.000.000 Körner nehmen? Wenn Sie sich unter dieser Zahl nichts vorstellen können, dann hilft ein Vergleich. Ein Reiskorn wiegt etwa 0,03 Gramm. Somit ergäbe die Menge Reiskörner 554 000 Millionen Tonnen Reis, was mehr als dem 1000-Fachen der jährlichen globalen Reisernte entspricht. Bei einer durchschnittlichen Reisernte von 5,5 Tonnen pro Hektar bräuchte es zwei komplette Erdoberflächen, um den »Lohn« für den Bauern zahlen zu können.

Hier wird deutlich, dass anfänglich kleine Zahlen zu großartigen Ergebnissen führen können. So war vor einiger Zeit von einer großen deutschen Fluggesellschaft zu lesen, die sich entschied, zukünftig keine Zitronenscheibe mehr ins Mineralwasser zu geben, wenn ein Kunde während des Fluges Wasser trinken möchte. Diese Einsparung einer Zitronenscheibe führte im Ergebnis zu einer jährlichen Kosteneinsparung von 600 000 Euro. Kleine Ursache – große Wirkung. Davon wissen auch viele Paketzusteller ein Lied zu singen. In Amerika gibt es ein Unternehmen, das in seinen braunen Lieferwagen tagtäglich Tausende Pakete zustellt. Auf der Suche nach Kostensenkung kam man auf die Idee, die Routenplanung EDV-technisch so zu unterstützen, dass die Fahrer möglichst nach rechts in eine Straße abbiegen. Das ergibt Sinn. Nach links abbiegen heißt Gegenverkehr, Wartezeit und eine höhere Unfallgefahr. Für das Unternehmen bedeutet diese Umstellung nicht nur eine schnellere Zustellung von Paketen und damit eine Zeitersparnis, sondern auch eine deutliche Reduzierung der Fahrzeugflotte.

Wer Zahlen kennt, weiß, warum er erfolgreich ist. TopSeller kennen Zahlen und nehmen sie ernst. Stellen Sie sich ein Unternehmen mit 100 Verkäufern vor. Wenn jeder von ihnen nur einmal mehr pro Tag zum Telefonhörer greift, ergeben sich für diesen Tag 100 neue Gespräche. In der Woche 500, im Monat 2000 und aufs Jahr gerechnet fast 25 000. Was für Sie nur ein Telefonat am Tag mehr ist, addiert sich am Ende zu einem fünfstelligen Ergebnis.

Wer als Verkäufer versteht, dass es viel wichtiger ist, Schritt für Schritt vorzugehen, statt große Pläne zu schmieden, wird völlig entspannt seine Verkaufsziele erreichen. Sein Verhalten erinnert an Beppo, den Straßenkehrer aus der bekannten Geschichte »Momo« von Michael Ende. Wenn Beppo die Straßen kehrte, tat er es langsam, aber stetig: bei jedem Schritt ein Atemzug und bei jedem Atemzug ein Besenstrich. Schritt – Atemzug – Besenstrich. Schritt – Atemzug – Besenstrich. Dazwischen blieb er manchmal ein Weilchen stehen und blickte nachdenklich vor sich hin. Und dann ging er weiter – Schritt – Atemzug – Besenstrich. Während er sich so dahin bewegte, vor sich die schmutzige Straße und hinter sich die saubere, kamen ihm oft große Gedanken, aber es waren Gedanken ohne Worte. Nach der Arbeit, wenn Beppo bei Momo saß, erklärte er ihr seine großen Gedanken. Und da sie auf besondere Art zuhörte, löste sich seine Zunge und er fand die richtigen Worte. *»Siehst du, Momo«,* sagte er, *»es ist so: Manchmal hat man eine sehr lange Straße vor sich. Man denkt, die ist so schrecklich lang; das kann man niemals schaffen, denkt man. So darf man es nicht machen. Man darf nie an die ganze Straße auf einmal denken. Man muss nur an den nächsten Schritt denken, an den nächsten Atemzug, an den nächsten Besenstrich. Und immer wieder nur an den nächsten.«* Wieder hielt er inne und sagte dann: *»Auf einmal merkt man, dass man Schritt für Schritt die ganze Straße gemacht hat. Man hat es gar nicht gemerkt, und man ist nicht außer Puste.«* Er nickte vor sich hin und sagte abschließend: *»Das ist wichtig.«*

THINK BY FINK

KJF **KLAUS-J. FINK** TOPSELLING

Große Ziele und Mut zu extremen Herausforderungen wachsen mit den eigenen Fähigkeiten und den erreichten Zwischenzielen.

Erfolgsfaktor Nummer 4: Verkäuferische Fähigkeiten

4.1 TopSeller sind authentisch

*»Jeder sollte all das werden können, wozu er bei der
Geburt die Fähigkeiten mitbekommen hat.«*
THOMAS CARLYLE

Ein Verkäufer ist ein Maulwerker und kein Handwerker. Zim-
merleute, Maurer oder Maler verdienen ihr Geld buchstäblich mit den Händen. Während ihr Erfolg im Wesentlichen
vom Geschick ihrer Hände abhängt, bestimmt beim Verkäufer die Fähigkeit, richtig zu kommunizieren, das Einkommen.
Er muss neben sprachlichen Fähigkeiten auch ein guter Zuhörer sein, der in der Lage ist, ein Gespräch zielorientiert zu
führen. Durchaus Dinge, die erlernbar sind, gleichwohl muss
ein verkäuferisches Talent vorhanden sein. Je größer, desto
größer sind die Erfolgsaussichten, wie einst Kurt Tucholsky es
beschrieb: *»Ein Versicherungsagent lag im Sterben. Man bat den
Pfarrer ans Sterbebett. Da lag er nun, das einst schlechte Schaf der
Kirche. Es wurde berichtet, dass der Agent trotz Pfarrerbesuch un-
gläubig starb, so wie er gelebt hatte, aber der Pfarrer ging versichert
von dannen.«*[48] Das sind TopSeller! Durchhalten bis zuletzt und
sich nicht von den Umständen leiten lassen, sondern die Umstände in die gewünschte Richtung lenken. Über diese Fähigkeit sollte jeder Verkäufer verfügen.

Biografien erfolgreicher Sportler zeigen, dass sie ihre außerordentlichen Erfolge auch deshalb erreicht haben, weil eine Art »Grundbegabung« vorhanden war. Nennen Sie es Talent, DNA oder Veranlagung, gemeint ist immer dasselbe: Es braucht einen »inneren« Antrieb, damit die Kraft die richtige Richtung nimmt. Diese Kraft entwickelt sich am besten, wenn dabei auch auf die körperlichen Voraussetzungen geachtet wird. Kein Mensch käme auf die Idee, einen zierlichen Mann mit einem Körper wie dem einer Balletttänzerin als Kugelstoßer oder Gewichtheber verpflichten zu wollen – er würde bei aller Sportlichkeit als Schwerathlet keine gute Figur abgeben.

Eine gute Figur müssen wir Menschen immer und zu allen Zeiten abgeben, wenn es darum geht, uns zu verkaufen. Wenn auf eine schriftliche Bewerbung die Einladung zu einem Vorstellungsgespräch folgt, geht es auch hier für den Bewerber um nichts anderes als um ein Verkaufsgespräch. Er nennt es nur Bewerbungsgespräch. In diesem Gespräch muss er sich als bester Bewerber um die ausgeschriebene Position verkaufen. Deshalb wird er sich von seiner besten Seite zeigen, um einen guten Eindruck zu hinterlassen. Kaum vorstellbar, dass er diesen Termin in seiner Freizeitkleidung wahrnimmt, wenn es darum geht, die Stelle als Bankkaufmann zu bekommen. Es wird erwartet, dass er in einem dunklen Anzug erscheint.

TopSeller sind nicht nur »top gekleidet« und verfügen über eine gute Kinderstube. Sie wissen im Besonderen auch um die Kleinigkeiten, die unbewusst, doch dafür umso stärker, auf andere wirken. »Machtvolle« Menschen im positiven Sinne demonstrieren dies mit ihrer Körpersprache, während sie mit einer Fülle an unscheinbaren Kleinigkeiten diesen Status unterstreichen. Somit ist klar: Verkäufer werden nicht geboren, sie werden gemacht. Oder kennen Sie ein Kind, das mehrsprachig zur Welt kommt? In den ersten Monaten nach der Geburt ist das sogenannte Sprachfenster in unserem Gehirn geöffnet, das sich danach für immer schließt. Dadurch ist es möglich, dass ein in Bayern geborenes und aufgewachsenes Kind seinen Dialekt ein Leben lang behält, genauso wie der Hamburger oder der Berliner. Dennoch lassen sich durch Übung mehrere Sprachen erlernen und im Erwachsenenalter fünf Sprachen fließend beherrschen. So ist es mit allem im Leben. Niemand kommt als »Meister« zur Welt. Erst die Bereitschaft, aus seinem Leben das Bestmögliche zu machen, sich voll und ganz seiner Berufung hinzugeben, macht aus Menschen Erfolgsmenschen.

Ob Michael Schumacher, Boris Becker, Steffi Graf, Tiger Woods oder Sebastian Vettel, sie alle wurden nicht als »begnadete« Sportler geboren. Sie wurden dazu »gemacht«. Sie hatten Eltern, die ihnen den Weg ebneten. Sie legten also den Samen. Zum Keimen brachten ihn die Kinder selbst. Michael Schumacher fuhr schon im Vorschulalter mit motorbetriebenen Fahrzeugen auf der elterlichen Kartbahn. Selbst an dem Tag, als seine Mutter starb, saß er hinter dem Steuer seines Formel-1-Rennwagens, fest entschlossen, den Grand Prix an diesem Tag zu holen. Tiger Woods griff als dreijähriger Steppke zum ersten Mal zum Golfschläger. Der Vater forderte und förderte ihn. Das machte Tiger Woods zu einem der reichsten Sportler aller Zeiten. Nach der Devise »Übung macht den Meister« ruhten diese Ausnahmesportler so lange nicht, bis sie Erfolg hatten. Selbst auf dem Höhepunkt ihrer Karriere hielten sie verbissen fest an ihrem Trainingsprogramm.

Sicher kennen Sie auch den erfolgreichsten Schwimmer aller Zeiten, Michael Groß, wegen seines Schwimmstils auch

»Albatros« genannt. In den olympischen Disziplinen geht es darum, auf einer überschaubaren Strecke besser zu schwimmen als jeder andere und als Sieger auf dem Podest zu stehen, im besten Fall auf Platz eins. So gewann Michael Groß 1982 die Weltmeisterschaft über 200 Meter Freistil und 200 Meter Schmetterling. Alles in allem also 400 Meter, um den begehrten Titel zu bekommen. Eine kurze Strecke, die keineswegs darüber hinwegtäuschen darf, wie viel Anstrengung im Vorfeld nötig war. So trainierte Michael Groß jeden Tag Stunde für Stunde und legte etliche Tausend Kilometer im Wasser zurück, nur um für den einen Moment bestmöglich aufgestellt zu sein. Der Lohn dieser Anstrengung war die Goldmedaille, die stolz in die Fernsehkamera gezeigt wurde, während die Nationalhymne erklang. Welchen Aufwand der Sportler dafür aber betrieben hatte, um genau dort zu stehen, war für den Außenstehenden nie sichtbar. Man sah das Ergebnis, nicht aber den Fleiß.

TopSeller sind wie Spitzensportler. Auch sie überlassen es nicht einer übergeordneten Instanz, dass ihnen der Erfolg in den Schoß fällt. Sie tun etwas dafür. Jeden Tag aufs Neue. Sie üben sich in der Kommunikation, in der Rhetorik und in Abschlusstechniken. Selbst das Klingeln an der Haustür unterliegt Regeln, die beherrscht werden müssen. Ein zu kurzes oder zu langes Klingeln entscheidet, ob ein »Haustürverkäufer« überhaupt eine Chance auf ein Gespräch hat.

In diesem Gespräch geht es dann darum, Lösungen zu verkaufen und keine Produkte. Kein Kunde kauft eine Bohrmaschine, sondern die Möglichkeit, damit die gewünschten Löcher bohren zu können. Die Bohrmaschine ist nur Mittel zum Zweck. Löst sie das Problem des Kunden, wird die Maschine gekauft, und nur dann. Und nicht etwa deshalb, weil sie gut in der Hand liegt, eine tolle Farbe hat und das Bohrfutter besser ist als bei anderen. Niemand will ein Produkt kaufen, sondern einen Nutzen.

TopSeller beherrschen es geradezu meisterhaft, den Nutzen des Produkts in den Vordergrund zu stellen. Eine der schönsten Definitionen zum Thema Nutzen kommt von einem Vorstandsmitglied: »*Was wir verkaufen, ist die Möglichkeit, dass sich ein 43-jähriger Buchhalter am Wochenende in einen schwarzen Lederdress zwängen kann, durch kleine Orte fährt und anderen Menschen Angst macht!*« Tja, da geht die Fantasie mit einem durch, oder hätten Sie spontan an einen Motorradfahrer auf einer Harley Davidson getippt? Wenn Sie Motorrad fahren, dann fahren Sie Motorrad, aber keine Harley. Eine Harley Davidson ist kein Motorrad, es ist ein Lebensgefühl.

THINK BY FINK

KjF **KLAUS-J. FINK** TOPSELLING

Der Kaufhausgründer und Multimillionär Frank W. Woolworth soll gesagt haben: »Ich bin der schlechteste Verkäufer der Welt. Darum muss ich es den Kunden einfach machen, bei mir zu kaufen.« Viele Verkäufer neigen dazu, alles noch zu verschlimmbessern. TopSeller arbeiten dagegen mit einer einfachen Formel: KISS. Das ist die Abkürzung von »Keep it short and simple« und bedeutet sinngemäß: »Fasse dich kurz und vermeide komplizierte Sätze.«

4.2 TopSeller sind gute Akquisiteure

*»Die ganze Kunst des Redens besteht darin, zu wissen,
was man nicht sagen darf.«*
GEORGE CANNING

»Ruf doch mal an!« Mit diesem Slogan warb in den 1970er-Jahren die damalige Deutsche Bundespost für ihr Produkt: das Telefon. Wir Kinder der 1960er-Generation haben es noch erlebt, was es heißt, auf einen Telefonanschluss länger warten zu müssen. So etwas ist für die heutige Kids-Generation unvorstellbar. Sie ist es gewohnt, schon im Vorschulalter über ein eigenes Handy zu verfügen, das spätestens in der Grundschule durch ein neues ersetzt werden muss. Das erklärt auch, warum es in Deutschland mehr Handys als Einwohner gibt. Gleichwohl hat die massenweise Verbreitung des Telefons das Telefonierverhalten der Menschen nicht verändert. Viele sind bis heute nur Telefonbesitzer und keine -nutzer. Daher bringen sie sich um viele interessante und vor allen Dingen gewinnbringende Möglichkeiten. Es geht nicht darum, alle technischen Features des Telefons auszuschöpfen, sondern es als das zu sehen, was es wirklich ist: die kürzeste und mit Abstand schnellste Verbindung zu mehr Umsatz und Gewinn, und zwar branchenunabhängig.

Wobei es einen Unterschied macht, ob Sie mit jemandem telefonieren, zu dem es bereits einen Kontakt gibt, wie im Falle des Zahnarztes, der »seine« Patienten anruft (siehe hierzu Ausführungen im Kapitel 3.4 »After-Sales-Marketing«). Ohne Umschweife kann er in diesem Gespräch sofort zur Sache kommen. Nicht so, wenn es um Erstkontakte am Telefon geht, die vom Akquisiteur ausgehen. Hier muss ein ganzes Bündel an Anforderungen erfüllt werden, um ein erfolgreiches Telefonat führen zu können.

Das größte Problem am Telefon ist vermutlich die geringe Bandbreite des Mediums, in der der Verkäufer seine Wirkung entfalten kann. Während er in einem persönlichen Vier-Augen-Gespräch alle Sinne und darüber hinaus Mimik und Gestik einsetzen kann, gibt es am Telefon nur eine einzige Möglichkeit: die Akustik. Aber genau das macht das Telefon so einzigartig und reizvoll. Ein sehr bekannter Traincr vertrat die Ansicht, wer gern Kaltakquise übers Telefon betreibe, ließe sich – mit Verlaub – beim Sex auch gern auspeitschen. Nun ja, diesen Ausführungen schließe ich mich nicht an. Für mich ist das Telefon der »Akquise-Muskel« für den Vertrieb. Je öfter ein Muskel trainiert wird, desto stärker wird er. Deshalb folgende Behauptung:

> »Wer am Telefon stark ist, ist auch beim Kunden stark.
> Wer beim Kunden stark ist, ist nicht automatisch auch
> am Telefon stark.«

Wem es über den »schwachen« Kanal Telefon gelingt, Kunden zu überzeugen, der wird über den stärkeren Kanal »persönliches Treffen« noch effizienter agieren. Dennoch scheuen viele Verkäufer den Griff zum Telefonhörer, und das aus bekanntem Grund: Es ist die Angst vor Ablehnung, zu der Sie an anderer Stelle schon einiges lesen konnten. Das Nein des Kunden nehmen diese Verkäufer nicht nur persönlich, sondern auch als endgültig hin. Statt »höflicher Hartnäckigkeit« resignieren sie schnell und lassen von diesem Kunden ab, um gleich zum nächsten überzugehen. Das ist so lange kein Problem, wie sie über genügend Leads (Adressen) verfügen. Wer auf eine Menge von Leads zurückgreifen kann, hat es da leichter. Er muss nur die Zahl der Anrufe erhöhen. Nach dem Gesetz der großen Zahl bleibt irgendwann einer »hängen«, der an einer Zusammenarbeit interessiert ist.

Kunden wollen erobert werden, und genau das geht im persönlichen Gespräch wie in einem Telefonat, wobei Letzteres die größere Herausforderung ist. Weniger erfolgreiche Verkäufer achten auf das, was der Gesprächspartner am anderen Ende der Leitung von sich gibt. TopSeller achten darauf, was *nicht* gesagt wird (sie »hören« zwischen den Zeilen). Überdies achten sie ganz genau darauf, *wie* es gesagt wird (siehe hierzu auch die Ausführungen in der Einleitung). Sie gehen immer optimal vorbereitet ins Telefonat. Außerdem nehmen sie sich ausreichend Zeit und führen keine Telefonate zwischen »Tür und Angel«. Sie handeln nach dem, was Konfuzius schon vor 2500 Jahren sagte:

> *»Sind die Worte im Voraus festgelegt, so stockt man nicht.*
> *Sind die Arbeiten im Voraus festgelegt, so kommt man nicht in Verlegenheit. Sind die Handlungen im Voraus festgelegt, so macht man keine Fehler. Ist der Weg im Voraus festgelegt, so wird er nicht plötzlich ungangbar.«*

TopSeller überfrachten den Kunden nicht mit unnötigen Informationen. Sie gehen ziel- und nicht abschlussorientiert vor. Wollen sie einen Termin, dann steht für sie die Terminierung im Vordergrund. Ein erfolgreiches Akquisetelefonat verläuft nach bestimmten Regeln. Es beginnt mit der Gesprächseröffnung. Im optimalen Fall stellt sie die Weichen, um beim Gesprächspartner am anderen Ende der Leitung Aufmerksamkeit und Neugier zu wecken. Deshalb kommt es entscheidend auf das richtige Wort an. Danach folgt die Phase der Vorwanddiagnose und der Einwandbehandlung. Das Telefonat wird meist in der Phase der Kundenreaktionen und der entsprechenden Einwandbehandlungen entschieden. Gelingt es, die Klippe der Standardeinwände erfolgreich zu umschiffen, sind die gemeinsame Vereinbarung eines Gesprächstermins und die Festlegung des Ortes ein Leichtes.

An dieser Stelle möchte ich auf das Zitat von Sebastian Vettel zurückkommen: »*Hirn aus – Instinkte einschalten*« (siehe Kapitel 1.1 »Einstellung und Auftreten«). Weniger erfolgreiche Verkäufer können genau das nicht. Sie gehen sogar so weit, dass sie für die von ihnen anzurufende Person denken. Der innere Dialog könnte in etwa so verlaufen: »*Wenn ich den Herrn Meier anrufe, dann denkt der sicher, dass ich ihm etwas verkaufen will.*« »*Wie sauer wird Herr Müller reagieren, wenn ich jetzt schon wieder anrufe? Bestimmt ist er davon überzeugt, dass mir das Wasser bis zum Hals steht und ich noch dringend Umsatz schreiben muss.*«

TopSeller überlassen das Denken ihren Kunden und führen positive Dialoge mit sich selbst, um sich so auf die anstehenden Gespräche vorzubereiten. So wie es Konrad Adenauer sagte: »*Einfach denken ist eine Gabe Gottes. Einfach denken und einfach reden ist eine doppelte Gabe Gottes.*«

Das Thema »Telefonakquise« ist sehr wichtig und lässt sich nicht in wenigen Worten zusammenfassen. Deshalb an dieser Stelle ein wenig Werbung in eigener Sache. Wenn Sie die Hürde »telefonische Akquise« überwinden wollen, lesen Sie mein Buch »Bei Anruf Termin – Telefonisch neue Kunden akquirieren«.

THINK BY FINK

 KLAUS-J. FINK TOPSELLING

Es gibt mehr Leute, die kapitulieren, als solche, die scheitern. Sie entscheiden!

4.3 TopSeller informieren kundenorientiert

»Die beste Sprache ist immer jene des Kunden.«
ANTON FUGGER

Wir Menschen leben nach der Redensart: *»Der Esel nennt sich selbst zuerst.«* Fragen Sie ein kleines Kind, wer am morgigen Nachmittag zum Reiten gehen wird, dann antwortet es für gewöhnlich: *»Ich und meine Freundin.«* Damit stehen sie den Erwachsenen in nichts nach. Wir verwenden in einer Minute fünf- bis siebenmal die Begriffe *Ich, mir, meiner, mich, wir, unser.* Wenn es um unsere Sprache geht, dann sind wir Egoisten. Ähnliches erleben wir, wenn wir uns ein Gruppenfoto anschauen, auf dem auch wir zu sehen sind. Bevor wir uns für alle anderen Personen auf diesem Bild interessieren, suchen wir erst einmal uns selbst. Alle anderen Personen interessieren uns so lange nicht, bis wir uns selbst entdeckt haben.

Dieses egoistische Verhalten ist im Verkauf »tödlich«. Denn es geht hier nicht um Sie als Verkäufer, sondern um den Kunden, der den Umsatz und damit den Gewinn bringt. Also müssen wir ihn als solchen auch ansprechen, wollen wir seine Sympathie gewinnen – und sein Herz und am Ende sein Konto oder Budget erreichen. Danach leben TopSeller, während die weniger erfolgreichen Verkäufer immer wieder denselben Fehler machen: Sie nehmen viel zu häufig den *Ich-Standpunkt* ein!

»Sehr geehrter Herr Kunde, ich würde mich sehr freuen, wieder von Ihnen zu hören.«

Viel zu oft wird die Korrespondenz zwischen Verkäufer und Käufer durch diese Standardformulierung beendet. Natürlich freut sich ein Verkäufer, wenn ein potenzieller Kunde, der das Geld und damit die Provision bringt, den Kontakt zu ihm sucht. Insofern ist eine solche Formulierung nicht nur überflüssig, sie erreicht auch nicht das »Herz« des Kunden. Wer sollte sich denn hier persönlich noch angesprochen fühlen, wenn der Verkäufer sich zum Maß aller Dinge aufspielt?

Auch im schriftlichen Umgang mit ihren Kunden nehmen viele Verkäufer den Ich-Standpunkt ein. Dadurch sind ihre Briefe absender- und nicht empfängerorientiert, wie folgendes Beispiel zeigt:

»Guten Tag, Herr Kunde, **ich** *freue* **mich***, Ihnen heute* **mein** *Angebot senden zu können.* **Ich** *habe bei* **meiner** *Ausarbeitung verschiedene Möglichkeiten durchgerechnet.* **Ich** *glaube, die Version drei ist aus* **meiner** *Sicht die beste.* **Ich** *höre gern wieder von Ihnen.* **Ich** *freue* **mich** *auf Ihren Anruf«. Für heute verbleibe* **ich** *…«*

Dieser absenderorientierte Brief ist – zugegeben etwas übertrieben – ein echter Umsatzkiller.

TopSeller schreiben empfängerorientierte Briefe:

»Guten Tag, Herr Kunde, beigefügt erhalten **Sie** *das von* **Ihnen** *gewünschte Angebot.* **Sie** *werden sehen, dass es verschiedene*

*Lösungsansätze gibt. Eventuell entspricht Variante drei **Ihren***
*Vorstellungen am ehesten. Wenn **Sie** noch Fragen haben, lassen*
***Sie** uns gerne hierzu telefonieren.«*

Auch im Telefonat mit einem Kunden achten TopSeller auf den Sie-Standpunkt – weniger erfolgreiche Verkäufer dagegen nicht. Sie formulieren ihren Ich-Standpunkt wie folgt:

*»Guten Tag, Herr Kunde, schön, dass **ich** Sie erreiche. **Ich** hatte*
Ihnen letzte Woche das gewünschte Angebot zugeschickt. Jetzt
*wollte **ich** mal nachfragen, ob Sie noch Fragen haben, die **ich***
gern beantworte ...«

TopSeller nehmen auch hier den Sie-Standpunkt ein und formulieren so:

*»Guten Tag, Herr Kunde, schön **Sie** zu erreichen. Das von*
***Ihnen** gewünschte Angebot ist letzte Woche an **Sie** heraus-*
gegangen. Oft ergeben sich noch Fragen, die besprochen werden
*müssen. Deshalb die Frage an **Sie**: Welche Punkte sind jetzt*
noch offen?«

TopSeller haben selbst auf ihrem Anrufbeantworter oder auf ihrer Mailbox eine Sie-bezogene Ansage. Weniger erfolgreiche Verkäufer dagegen nicht. Sie formulieren auch hier mit dem Ich-Standpunkt:

*»Leider bin **ich** nicht erreichbar. Wenn Sie **mir** eine Nachricht*
*hinterlassen, rufe **ich** schnellstmöglich zurück.«*

TopSeller formulieren, ohne auch nur einmal das Wort »ich« zu erwähnen:

»Schön, dass **Sie** *anrufen. Leider ist es nicht möglich, mit* **Ihnen** *persönlich zu sprechen. Deshalb hinterlassen* **Sie** *bitte* **Ihre** *Nachricht.* **Sie** *erhalten schnellstmöglich einen Rückruf.«*

Und auch beim Nachfassen von Empfehlungen können Top-Seller den Sie-Standpunkt gewinnbringend einsetzen:

»Herr …, vorgestern habe **ich** *mit Ihrem Kollegen zusammengesessen. Ihm konnte* **ich** *Möglichkeiten zu X und Y vorstellen. Ihr Kollege war sehr angetan davon, und er hat* **mich** *darum gebeten, dass* **ich mich** *auch einmal mit Ihnen in Verbindung setze. Wann kann* **ich** *Ihnen das einmal in der nächsten Woche vorstellen?«*

Und optimiert:

»Herr …, in der vergangenen Woche hat sich **Ihr** *Kollege über X und Y informiert.* **Ihr** *Kollege war sehr angetan davon, aufgrund dessen hat er darum gebeten,* **Ihnen** *das auch einmal vorzustellen, damit* **Sie** *sich hier persönlich ein Bild machen können. Inwiefern ist es von* **Ihrer** *Seite her machbar, einen Termin für ein persönliches Kennenlernen freizuhalten?«*

Im direkten Dialog mit dem Kunden geht es also inhaltlich um dasselbe; dabei gibt es einen großen Unterschied. »Ich-bezogene Verkäufer« sprechen *zum Kunden*; »Sie-bezogene Verkäufer« sprechen *mit dem Kunden*. Im ersten Fall versteht der Kunde den Verkäufer – und im zweiten läuft die Kommunikation noch viel besser. Und genau darum geht es. Denn je besser ein Verkäufer verstanden wird, desto sicherer ist ihm der Vertragsabschluss. Das setzt natürlich voraus, dass der Verkäufer den Kunden versteht – und dafür muss er *zuhören*. Ein nicht immer leichtes Unterfangen, denn noch immer hören sich Verkäufer viel lieber selbst reden als den Kunden.

Bevor Sie noch einiges über das Zuhören als Erfolgsfaktor für TopSeller erfahren, hier eine griffige Zusammenfassung wichtiger Formulierungen, die TopSeller in ihrem Tagesgeschäft ständig nutzen. In meinen Seminaren taucht oft die Frage auf nach einem kleinen »Vokabelheft«, das »Sie«-Alternativen zu »Ich«-Formulierungen bietet – und hier können Sie es nun als Leser nutzen:

Ich-Formulierung	Sie-Formulierung
»Ich schicke Ihnen das zu.«	»Die Sachen gehen noch heute an Sie raus.«
»Ich schlage Ihnen vor …«	»In Ihrer Situation bietet es sich an …«
»Ich verspreche Ihnen, dass …«	»Sie können sich darauf verlassen, dass …«
»Ich rufe an wegen …«	»Der Anruf heute bei Ihnen hat einen ganz besonderen Grund.«
»Ich kann Sie gut verstehen.«	»Sie haben vollkommen recht.«
»Ich melde mich wieder bei Ihnen.«	»Wann sind Sie telefonisch am besten zu erreichen?«
»Wir haben eine große Auswahl an …«	»Sie finden hier eine große Auswahl an …«
»Meiner Meinung nach …«	»Inwiefern stimmen Sie zu, dass …« Oder: »Sicher haben Sie auch die Erfahrung gemacht, dass …«
»Ich möchte Ihnen das einmal zeigen.«	»Sie können sich einmal selbst ein Bild machen.«
»Ich finde, Sie sollten …«	»Was meinen Sie zu …«
»Ich habe da noch eine Frage …«	»Vielleicht haben Sie die Antwort auf …«

Ich-Formulierung	Sie-Formulierung
»Dagegen möchte ich einwenden ...«	»Bitte bedenken Sie ...«
»Ich begrüße Sie.«	»Schön, dass Sie da sind.«
»Ich informiere Sie gern über ...«	»Wie wichtig sind Ihnen jetzt Informationen zu ...«

»Ein Langweiler ist ein Mensch, der redet, wenn du wünschst, dass er zuhört«, schrieb der US-Schriftsteller Ambrose Bierce. Weil heutzutage immer mehr geredet und immer weniger zugehört wird, besteht die Welt aus lauter Langweilern. Nur wenige Menschen verstehen es, ihr Ego auszuschalten und ihren Gesprächspartner ins Zentrum der Aufmerksamkeit zu rücken. Ganz wichtig: In dieser Funktion als echter Zuhörer hören Sie nämlich auch das, was nicht gesagt wird. Wer nicht zuhören kann, nimmt sich wichtiger, als er ist. Unbewusst drückt er mit diesem Verhalten aus, schon alles zu wissen, weshalb der andere nichts Wichtiges mehr beizutragen habe.

Das Zuhören ist wichtig. Je besser Sie zuhören, desto größer fällt die »Belohnung« aus. Der indische Philosoph Jiddu Krishnamurti schrieb:

»Wenn Sie wirklich zuhören, dann geschieht dabei ein Wunder. Das Wunder besteht darin, dass Sie ganz bei dem sind, was gesagt wird, und Sie gleichzeitig Ihren eigenen Reaktionen lauschen.«[49]

Sich voll und ganz auf das Hier und Jetzt zu konzentrieren heißt auch, mit allen Sinnen im Verkaufsgespräch zu sein. Das ist wichtig. Dann hören Sie auch *aktiv* zu. Aktiv zuhören heißt, ab und zu die Kernaussagen des Kunden kurz zu wiederholen, um zu zeigen, dass Sie voll und ganz dabei sind. Durch Ihre Körperhaltung Aufmerksamkeit auszudrücken, also vielleicht leicht vorgebeugt zu sitzen (ohne dem Kunden zu dicht »auf die Pelle« zu rücken), mit dem Kunden Augenkontakt zu halten und ihn vor allem nicht unmotiviert zu unterbrechen und in einen »Selbstdarstellermodus« zu verfallen. Mit dem aktiven Zuhören signalisieren Sie, dass der Kunde Ihnen wichtig ist und dass seine Aussagen für Sie von Bedeutung sind. Im Gegensatz dazu vermitteln Sie dem Kunden durch bloßes *passives* Zuhören, ein reines und stilles Da-Sitzen, eher ein gepflegtes Desinteresse. Senden Sie also nicht nur in Ihrer Ansprache, sondern auch in Ihrem Zuhörer-Verhalten die richtigen Botschaften!

THINK BY FINK

KjF **KLAUS-J. FINK** TOPSELLING

»Wenn die Menschen nur über das sprechen würden, was sie begreifen, würde es auf unserer Erde sehr still sein.« Auch wenn TopSeller diese Feststellung Albert Einsteins bestätigen würden, sprechen sie nur über das, was sie wirklich wissen. Denn daran werden sie von ihren Kunden gemessen.

4.4 Wer nicht fragt, bleibt dumm – Fragetechniken für TopSeller

»Klug fragen können, ist die halbe Weisheit.«
FRANCIS BACON

Das Thema *Fragetechniken* ist im Verkauf extrem wichtig – und überbewertet zugleich. Wir behandeln es hier in einem handlichen Kapitel, es füllt auch ganze Bücher – und das eben ein wenig zu Recht und ein wenig zu Unrecht.

Zu Recht, weil Fragen im Verkaufsgespräch von zentraler Bedeutung sind. Wer nicht oder zu wenig fragt, läuft Gefahr, am Kunden vorbeizureden und ihn im Gespräch schnell zu verlieren. Nur mit Fragen finden TopSeller die Informationen heraus, die ihnen helfen, zum Abschluss zu kommen. Nur mit Fragen wird ein echtes Gespräch mit dem Kunden möglich, statt dass der Verkäufer einen Verkaufsmonolog hält – bei dem jeder Kunde nach spätestens zehn Minuten sowieso abschaltet.

Zu Unrecht, weil schon das Wort »Technik« etwas Kompliziertes suggeriert. Machen Sie es sich einfach! Erfolgsorientiertes und zielgerichtetes Fragen ist erlernbar.

Deswegen: Kaufen Sie sich nie ein ganzes Buch über Fragetechniken. Da streiten sich dann die Gelehrten, ob es 27 oder 31 Arten von Fragen gibt und zu welchem Zeitpunkt Sie eine Bedeutungsfrage, eine Suggestivfrage, eine Kettenfrage, eine rhetorische Frage, eine Fangfrage, eine Rückfrage oder eine Kontrollfrage stellen können. Für einen Praktiker, einen echten Verkäufer, einen TopSeller, der jeden Tag authentisches »Maulwerk« in der bunten Welt des Verkaufens betreibt, ist das viel zu kompliziert.

Meine Auffassung ist vielmehr, dass Sie mit nur drei Formen von Fragen bestens durchs Verkäuferleben kommen: Wenn Sie offene Fragen, geschlossene Fragen und die Alternativfrage unterscheiden, beherrschen und wissen, wann und wie Sie welche Art am besten einsetzen, haben Sie alles Rüstzeug, das Sie brauchen.

Am wichtigsten ist die offene Frage, denn mit geschlossenen Fragen bekommen Sie auch als TopSeller keine Informationen. Nehmen Sie sich ein Beispiel an Kindern, denn Kinder fragen immer offen, weil sie die Welt noch entdecken wollen und müssen. In der Jugend verändert sich unser Sprachmuster; Erwachsene fragen zu 70 bis 80 Prozent geschlossen – die Welt wird weniger bunt. Kinder sind neugierig, und TopSeller tun gut daran, auch neugierig zu sein – auf ihre Kunden und deren Bedürfnisse.

Der erste offensichtliche Vorteil einer offenen Frage: Keiner kann mit »Nein« antworten. Und ein Nein müssen Sie unbedingt vermeiden. Sie wollen ja grundsätzlich kein Nein vom Kunden kassieren, denn es macht den Graben zwischen zwei Gesprächspartnern größer. Die Psychologie lehrt uns: Wenn ein Mensch »Nein« sagt, stellt sich das vegetative Nervensystem um und schaltet auf Ablehnung. Und Sie brauchen dann wieder viel Energie, um diese Ablehnung zu überwinden und den Graben zu schließen.

Hier ein Beispiel für den Einsatz offener Fragen: Nehmen wir an, Sie sind Verkäufer in einem Autohaus, das über eigene Ausstellungsräume verfügt. Ein Interessent betritt nun Ihre Räumlichkeiten. Sie lassen ihn zunächst in Ruhe schauen, gehen dann auf ihn zu und eröffnen das Gespräch. Jetzt haben Sie die Chance, diesen »unbekannten« Interessenten näher kennenzulernen. Nach einer kurzen Aufwärmphase stellen TopSeller zwischen fünf und sieben (unbedingt offene) Fragen, um mehr Informationen zu bekommen.

Wenn Sie fragen:

»Herr Kunde, fahren Sie mehr als 10 000 Kilometer im Jahr?«,

wird der Kunde diese Frage nur mit einem Ja oder einem Nein beantworten. Dadurch erhalten Sie keine Information, die Ihnen wirklich weiterhilft. Mit einer offenen Frage bekommen Sie eine klare Antwort:

»Herr Kunde, wie viele Kilometer fahren Sie im Jahr?«

Diese Frage wird der Kunde nicht mit Ja oder Nein beantworten. Er wird die Kilometerzahl nennen und häufig auch den Grund dafür:

»Ich fahre mindestens 20 000 Kilometer im Jahr, weil es keine Busverbindung zu meinem Arbeitsplatz gibt.«

TopSeller erkennen, dass für diesen Interessenten Kosten eine Rolle spielen könnten. Hohe Fahrtkosten sind ein Ärgernis für Arbeiter und Angestellte, weil sie diese zum großen Teil aus eigener Tasche bezahlen müssen.

»Wo liegt denn Ihre persönliche Schmerzgrenze in Sachen Verbrauch?«

Ersetzen Sie also geschlossene Fragen durch offene, und der Kunde wird Ihnen vieles erzählen. So fällt es Ihnen in einer späteren Phase des Gesprächs viel leichter, ein individuell passendes Angebot auszuarbeiten. Fragen Sie also nicht:

»Sind Sie, Herr Kunde, ein sportlicher Fahrer?«

Fragen Sie stattdessen:

»Wie charakterisieren Sie Ihren Fahrstil?«

Mit den offenen Fragen und dem »Lesen zwischen den Zeilen« findet der TopSeller schnell die Stelle, wo den Interessenten im sprichwörtlichen Sinne der Schuh drückt.

Für die Gestaltung ihrer offenen Fragen nutzen TopSeller ein paar »Zauberworte«. Nehmen wir an, Sie wollen die Interessenlage beim Kunden abklopfen. Wenn Sie fragen:

»Herr Kunde, interessieren Sie sich für Thema X?«,

sind Sie bei einer geschlossenen Frage und holen sich ein Ja oder ein Nein ab. Im besten Fall müssen Sie nach einem Ja sowieso noch eine offene Frage hinterherschieben.

Fragen Sie also lieber offen:

»Herr Kunde, **inwiefern / inwieweit** *interessieren Sie sich für Thema X?«*

Dann muss der Kunde im ganzen Satz antworten. Wenn die Antwort negativ ausfällt, haben Sie auf jeden Fall eine »sanfte« Ablehnung und vielleicht sogar noch eine Begründung, die Ihnen wieder etwas über den Kunden verrät:

»Ich interessiere mich gar nicht für X, weil …«.

Wenn die Antwort positiv ausfällt, wird Ihnen der Kunde in jedem Fall die Begründung mitliefern, weil Ihre Frage durch die Zauberworte *inwiefern* oder *inwieweit* schon so gestrickt war, dass er gar nicht anders kann:

»Ich interessiere mich sehr für X, weil …« oder »Der Aspekt, der mich an X besonders interessiert, ist …«.

Wenn Sie das Gefühl haben, dass die Fragestellung noch nicht ausgereizt ist oder Sie noch mehr Informationen zu diesem Punkt vom Kunden haben möchten, können Sie Ihre Frage mit zwei weiteren »Zauberwörtern« noch duplizieren. Also etwa:

»Herr Kunde, was interessiert Sie **außerdem** *an Thema X?«*

Oder:

»Herr Kunde, was ist **darüber hinaus** *noch spannend für Sie an X?«*

Dann können Sie sicher sein, dass Sie alle relevanten Informationen zu diesem Punkt beim Kunden abgefragt haben – mit denen Sie im weiteren Verkaufsprozess punkten können.

Halten wir also fest, dass offene Fragen so etwas wie das Lebenselixier eines guten Verkaufsgesprächs sind und dass Sie mit geschlossenen Fragen sehr schnell Gefahr laufen, sich und Ihre Abschlusschancen in eine Sackgasse zu manövrieren.

Es gibt noch eine dritte Art von Frage, mit der Sie als TopSeller vertraut sein sollten: die Alternativfrage. Alternativfragen sind grundsätzlich gut, weil sie dem Kunden das Gefühl geben, dass er eine Wahl hat, dass er auswählen kann, und ihm so letztlich suggerieren, dass er Macht hat und am Schalthebel des Gesprächs sitzt.

Bis vor einigen Jahren wurden die Alternativfragen vor allem beim Terminieren als wahres Zauberelixier und Geheimtipp gehandelt. Der Trick war, den Kunden überhaupt nicht mehr zu fragen, *ob* er einem Termin machen will, sondern ihm nur noch Alternativen für die Gestaltung des Termins anzubieten:

> *»Herr Kunde, passt es Ihnen eher am Anfang oder am Ende der Woche?«*

Oder*:*

> *»Möchten Sie, dass wir Sie besuchen, oder haben Sie Lust, bei uns vorbeizuschauen?«*

So vorzugehen ist beim Terminieren heute nicht mehr angezeigt: Kunden haben dazugelernt und durchschauen diese Technik. Ihnen fallen die hart formulierten Alternativen auf –

und das wirkt sich im Zeitalter des *Soft Selling* im Gespräch eher negativ als positiv aus.

In der Abschlussphase dagegen ist es immer von Vorteil, dem Kunden Alternativen zu bieten. Wenn sie schon so weit sind, dass sich nicht mehr die Frage stellt, *ob* der Kunde kauft, verbessern TopSeller ihre Position noch weiter, indem sie in demonstrierter Kundenorientierung noch einen draufsetzen:

> *»Möchten Sie lieber Variante X mit dem jährlichen Support oder Variante Y mit den Extra-Features? Was Sie nun letztendlich begeistert, entscheiden Sie …, es kommt darauf an, welche Schwerpunkte Sie setzen …«*

Und auch beim Empfehlungsmarketing lässt sich die Alternativfrage sehr wirkungsvoll einsetzen. Denken Sie etwa an ein Szenario in einem Fitnessstudio. Sie fragen eine Kundin nach einer Empfehlung. Dann kann es von Vorteil sein, gar nicht erst mit einer »Ob-Frage« ins Rennen zu gehen, weil diese wie eine geschlossene Frage funktioniert – und Sie Gefahr laufen, sich ein Nein einzufangen. Die Frage:

> *»Frau Kundin, gibt es jemanden aus Ihrem Bekanntenkreis, der sich auch mit dem Gedanken trägt, etwas für seine sportliche Fitness zu tun, und den Sie beim nächsten Besuch mitbringen möchten?«*

kann also nach hinten losgehen.

Besser ist, Sie steigen so ein:

> *»Frau Kundin, so wie Sie in sportlicher Hinsicht Ihren persönlichen Zielen einen riesigen Schritt näher gekommen sind, gibt es*

*sicher auch andere Personen aus Ihrem Umfeld, die eine ähnliche
Zielsetzung haben. Wen gibt es hier, den Sie gern zu einem Probe-
training mitbringen möchten – denken Sie eher an jemanden
aus Ihrem beruflichen Umfeld oder an eine gute Freundin oder
Bekannte?«*

Eine solche Alternativfrage hilft, dass die Kundin Bedenken,
die sie eventuell generell bei einer Empfehlung hat, eher ausblendet und direkt über die Frage nachdenkt, wen sie Ihnen
vorschlagen könnte. Alternativfragen lassen sich also in bestimmten Situationen durchaus gewinnbringend einsetzen.

Und noch ein letzter Hinweis zu einer Frage, die Sie als Top-
Seller besser vermeiden: Eine »Warum«-Frage birgt immer
eine Rechtfertigung in sich. Das hat vor allem psychologische
Gründe: Die meisten Menschen haben in ihrem Leben schon
sehr viele »Warum«-Fragen gehört – und das oft in Kontex-
ten, die nicht als angenehm empfunden wurden. »Warum«-
Fragen muss man nämlich meist beantworten, wenn es um
eine Begründung, eine Rechtfertigung oder sogar um das Zu-
rückweisen einer Schuld geht. Denken Sie an Ihre Jugend:
»Warum kommst du so spät nach Hause?« ist eine typische Eltern-
frage. *»Warum ist das nicht erledigt?«* hat wohl fast jeder von uns
schon gehört. Diese Frage bringt Kunden psychologisch in eine
Rechtfertigungsposition und löst Unbehagen aus. Und Kunden, die sich unwohl oder unbehaglich fühlen, kaufen nichts!

Im letzten Kapitel dieses vierten Buchteils lernen Sie die Formel kennen, die Sie sicher durch alle Phasen des Verkaufs lei-
tet und begleitet (**KIAMBA**-Formel). Alles, was Sie hier über
Fragetechniken lesen, können Sie besonders lohnend in der
zweiten, also in der Informationsphase Ihres Gesprächs einsetzen.

Sie sehen, es geht hier weniger um komplizierte Techniken als vielmehr darum, solides Basiswissen souverän, spielerisch und flexibel anzuwenden. Sie wollen ja keine eleganten rhetorischen Pirouetten drehen, sondern Ihren Kunden besser kennenlernen!

THINK BY FINK

 **KLAUS-J. FINK** TOPSELLING

Die beste Fragetechnik besteht darin, dass Sie echtes Interesse zeigen.

4.5 Keine Zeit, kein Interesse, zu teuer – Einwandbehandlung für TopSeller

»Das Gleiche lässt uns in Ruhe, aber der Widerspruch ist es, der uns produktiv macht.«

JOHANN WOLFGANG VON GOETHE

So ärgerlich es ist, wenn der Kunde irgendwann mitten im Verkaufsgespräch beginnt zu zweifeln, Einwände vorbringt oder vielleicht sogar versucht, einen Rückzieher zu machen – es ist für TopSeller trotzdem kein Grund, aufzugeben. Im Gegenteil! Die bekommen hier sogar zwei gute Nachrichten zu hören, was die möglichen Einwände von Kunden betrifft. Erstens: Die Anzahl der Einwände, die kommen können, ist begrenzt. Zweitens: Die Einwände sind immer gleich und ändern sich (fast) nie.

Das bedeutet für TopSeller: Sie können sich entspannen – alle Einwände sind im Vorfeld zu greifen. Und das wiederum heißt im zweiten Schritt: Üben, üben, üben – Schlagfertigkeit und Annahme der Einwände lassen sich trainieren. Und die Energie dafür ist gut investiert, denn in fünf Jahren werden die Einwände immer noch dieselben sein.

Lassen Sie uns ein paar Situationen im Detail betrachten – welche Einwände kommen immer wieder von Kunden?

1. Sie rufen den Kunden an. Was kann er einwenden?

»Ich habe kein Interesse, ich habe keine Zeit, ich habe kein Geld, schicken Sie mir doch erst einmal Unterlagen, ich habe da schon jemanden, mit dem ich das mache, ich habe schlechte Erfahrungen gemacht – ich mache das mit meiner Bank ...«

2. Sie fragen den Kunden nach einer Empfehlung. Was wird er einwenden?

»Das mache ich nicht, ich kenne niemanden, ich habe das schon mal gemacht – und Ärger bekommen, ich möchte erst mal Rücksprache halten, ich möchte nicht, dass Sie meinen Namen nennen oder ins Spiel bringen ...«

3. Sie sind am Point of Sale und sprechen mit dem Kunden:

»Ich muss mir das noch mal überlegen, das ist mir zu teuer, ich möchte gerne noch andere Angebote einholen, ich habe das Thema für den Moment hinten angestellt ...«

Sie als TopSeller haben nun für sich schon verinnerlicht, dass darin eine große Chance für Sie liegt: Es gibt nämlich keinen Überraschungseffekt. Sie können der Situation absolut ruhig entgegensehen, Sie können sich optimal vorbereiten, Sie können reagieren. Sie werden so auf jeden Fall gewappnet sein und Sie werden einen Deckel haben für jeden Topf, den der Kunde aufmacht.

Und weil es fast alle Einwände schon gibt, müssen Sie auch Ihre Entgegnungen nicht neu erfinden. Sprechen Sie zum Beispiel mit Kollegen über deren Strategie und finden Sie heraus, wie diese bestimmte Kundeneinwände parieren. Oder hören Sie gut zu beim »Flurfunk« – mit den Ohren zu klauen, ist schließlich straffrei. Für die Annahme von Kundeneinwänden gilt: Lieber gut kopiert als schwach kreiert. Füllen Sie Ihr Magazin so mit guten Antworten! Und hören Sie auch auf Ihren Bauch – der sagt Ihnen schon, ob der jeweilige Satz zu Ihnen passt und Ihnen später glaubwürdig über die Lippen kommt. So gehen Sie den ersten Schritt zu einer erfolgreichen Einwandbehandlung.

Die so gelernten schlagfertigen Entgegnungen sollten Sie schön im Hinterkopf behalten. Was Sie dabei auf jeden Fall beachten sollten, ist: Wir befinden uns im Zeitalter des Soft Selling. Und das heißt für Sie: nicht direkt aus allen Rohren zu schießen, wenn der Kundeneinwand kommt, sondern vor allem elastisch zu bleiben. Konkret bedeutet das, den Einwand zunächst abzufedern und im Detail höflich anzunehmen. In der Antike nannte man das »die hohe Kunst des Lobens«; heute heißt das »Verbaljudo« oder »Stoßdämpfertechnik«.

Wichtig ist, dass Sie sich dabei jegliches Pauschalgeschwätz sparen. Also nicht: »*Herr Kunde, gut, dass Sie das ansprechen ...*« Das hat garantiert null Wirkung und außerdem sooo einen Bart! Vielmehr müssen Sie den Einwand verstehen, ganz detailliert darauf reagieren und dabei Ihre Reaktion auch noch richtig dosieren. Und um das hinzukriegen, müssen Sie eben gut *vorbereitet* sein.

Nehmen wir ein Beispiel aus der Finanzdienstleistung. Der Kunde sagt: »*Schicken Sie mir doch erst mal Unterlagen, dann kann ich mir ein Bild machen.«* Und dann nimmt ein TopSeller diesen Einwand genau und entspannt an:

> *»Herr Kunde, Unterlagen sind natürlich eine Möglichkeit, sich mit dem Thema zu beschäftigen. Sie wollen gerne etwas schwarz auf weiß haben. Bevor Sie nur allgemeine Informationen in Ihrem Briefkasten vorfinden, ist es sicher sinnvoller, Ihnen in einem persönlichen Gespräch konkrete Informationen an die Hand zu geben, die Sie in Ihrer Entscheidung ein Stück voranbringen.«*

Noch ein weiteres Beispiel, wiederum aus der Assekuranz: Sie rufen bei einem Kunden an, und der wendet ein, dass er schon lange und erfolgreich mit einem Kollegen zusammenarbeite und demnach keinen Bedarf habe. Auch diesen Einwand können Sie leicht und pointiert annehmen:

> *»Herr Kunde, schön, dass Sie hier einen Fachmann an Ihrer Seite haben. Auf der anderen Seite, wie sagt der Volksmund: Das Bessere ist immer des Guten Feind. Und wenn wir gemeinsam feststellen, dass keine Verbesserung möglich ist, dann haben Sie die Bestätigung, dass Sie mit dem richtigen Fachmann in einem Boot sitzen. Somit hat sich für Sie der Vergleich in jedem Fall gelohnt ...«*

Sie sehen, wie Sie Verständnis signalisieren und quasi den Schwung aus der Argumentation des Kunden aufnehmen, ihn umdrehen und für sich selbst nutzen. Wie beim Judo eben! Was Sie also auf keinen Fall tun sollten, ist, Einwände mit voller Kraft zu parieren, sie niederzuschmettern und womöglich zu diesem Zeitpunkt noch auf der fachlichen Ebene zu argumentieren. Hier halten sich TopSeller an den bewährten Leitsatz: Konfrontation verkauft *nie*. Denn natürlich gewinnen Sie auf der fachlichen Ebene jede Diskussion – gleichzeitig bezahlen Sie diese gewonnene Diskussion mit einem verlorenen Kunden.

In Seminaren wird häufig nach dem »Klassiker« gefragt – wenn der Kunde keinen Ausweg mehr sieht, kommt er oft mit dem »Kein-Geld-Einwand«. Selbst hier können Sie eine wunderbare Schleife zur Abfederung des Einwands ziehen und den Kunden wieder ins Boot holen:

> *»Herr Kunde, es stimmt natürlich – wer hat heute noch genügend Geld? Das Finanzamt nimmt einen großen Teil weg – gleichzeitig ist alles teurer geworden …«*

Das Geheimnis erfolgreicher Einwandbehandlung ist also annehmen, annehmen, annehmen – abfedern, abfedern, abfedern! Wenn Sie fleißig trainiert haben, können Sie auf jeden Einwand vorbereitet sein und für alles eine detaillierte und wohldosierte Annahme und Schleife in petto haben.

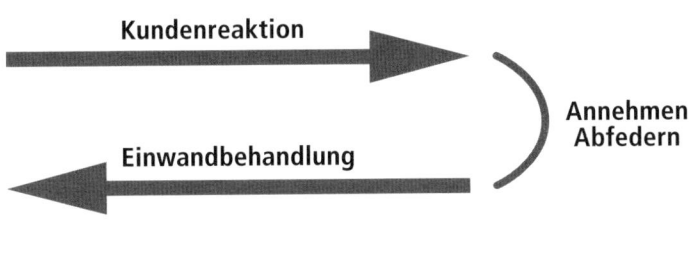

Einwandbehandlung

Wichtig ist auch hierbei wieder, dass Sie vom Kunden her denken und sprechen – und nicht vom Ich-Standpunkt aus kommunizieren:

*»Herr Kunde, dass Sie hier vorsichtig sind … dass Sie sich
einlesen wollen, ist mehr als verständlich …«*

Erst nachdem Sie die Schleife gezogen und den Kunden abgeholt haben, können Sie eine sachliche Argumentation dran-
hängen. Etwa beim Preis:

*»Herr Kunde, natürlich bewegen wir uns da im oberen Markt-
segment, die Gründe liegen in …«*

Oder Sie nutzen wieder eine offene Frage:

»Herr Kunde, womit vergleichen Sie dieses Angebot denn?«

Teil der Herausforderung ist es, dass Kunden ihre Einwände
oft recht spät im Verkaufsprozess bringen. Sie haben also Kontakt zum Kunden hergestellt, ihn ausgiebig befragt und seine
Motive analysiert, und erst dann, wenn Sie im Gespräch schon
sehr weit sind und begonnen haben, zielgerichtet zu präsentieren und den Kunden zu begeistern, schlagen die Einwände zu.
Dann heißt es für TopSeller: durchatmen, die Nerven behalten, den Kunden in seinem Thema annehmen, den Einwand
abfedern und mit dem Kunden die »Verständnis-Schleife« ziehen.

THINK BY FINK

Einwände sind nichts anderes als
bedenkenswerte Anregungen des
Kunden.

4.6 Koste es, was es wolle – Preisgespräche für TopSeller

»Preise signalisieren Werte. Das gilt oben wie unten.«
HERMANN SIMON

Beim Preisgespräch ist es wie bei den Fragetechniken: Sie können dazu ganze Bücher lesen. Etwa die von meinem geschätzten Kollegen Erich-Norbert Detroy. Trotzdem vertrete ich hier, in meinem eigenen Buch, in diesem Kapitel wie bei den Fragetechniken wieder die Meinung, dass TopSeller über handliches Werkzeug für die Praxis verfügen sollten – und deswegen zu viel Fachwissen eher belastend als motivierend oder förderlich sein kann. Einige wirkungsvolle Grundregeln dagegen sollten TopSeller verinnerlichen und im Tagesgeschäft wieder und wieder anwenden. Genauso, wie sie bestimmte Todsünden vermeiden sollten, um ihren Abschluss nicht zu gefährden.

Ein gut geführtes Preisgespräch hat viel mit Taktik und noch mehr mit dem »Zuschlagen« zum richtigen Zeitpunkt zu tun. Deswegen ist die Metapher meines besagten Kollegen Detroy, der das Preisgespräch mit einem Boxkampf vergleicht, so zutreffend. Wenn der Kunde seine Macht einsetzen will, also seine Muskeln spielen lassen möchte, wird er das beim Preis tun.

Einem solchen »Imponiergehabe« begegnen Sie am besten mit viel Ruhe und mit rhetorischem Geschick.

Je besser Sie sich mit Ihrem Preis identifizieren können (siehe dazu auch Kapitel 2.3), desto weniger wird Ihnen der Schweiß auf der Stirn stehen, wenn »Butter bei die Fische« kommt, und desto mehr Ruhe werden Sie ausstrahlen. Für diese Identifikation ist es vor allem wichtig, dass Sie ein Empfinden dafür haben oder entwickeln, wie der Preis sich zusammensetzt, damit Sie hinter »Ihrem« Preis stehen können. Dafür wiederum müssen Sie Ihre Hausaufgaben machen, die interne Kalkulation kennen und sich vorher gut informiert haben.

Als erste absolute Grundregel gilt: Den Preis sollten Sie erst kurz vor dem Abschluss und auf jeden Fall so spät wie möglich im Gespräch mit dem Kunden nennen. In unserem **KIAMBA**-Schema (siehe Folgekapitel) fällt die Preisnennung also in die »Begeisterungsphase«, die ja auch die »Verkaufsphase« im engeren Sinne ist. Wir reden während dieser Phase immer viel vom Nutzen und den Features unserer Leistung oder unseres Produkts und irgendwann kommt natürlich vom Kunden die Gretchenfrage, also die direkte Frage nach dem Preis. Dann geht es ans Eingemachte, dann geht es darum: »*Was kriegen Sie, lieber Herr Kunde ...*« – und was kriegen Sie als Top Seller? – Je später das passiert, desto größer sind Ihre Abschlusschancen.

Also: Nennen Sie den Preis möglichst nicht von sich aus und versuchen Sie, das Gespräch so zu steuern, dass der Kunde erst spät danach fragt. Wenn der Kunde zu früh nach dem Preis fragt, versuchen Sie alles, um die Frage abzubiegen und ihn zu vertrösten. Bei einem Festpreis ist das zugegebenermaßen schwierig, da kommen auch TopSeller kaum wieder aus der Ecke heraus, in die der Kunde sie durch seine Frage manövriert hat. Wenn der Preis ein zusammengesetzter ist oder von bestimmten Features oder Bedingungen abhängt, haben Sie leichteres Spiel:

»Herr Kunde, klar sind Sie neugierig und wollen wissen, was auf Sie zukommt. Lassen Sie uns zunächst den Rahmen für die Leistung / das Produkt noch genauer definieren, damit Sie dann auch eine genaue und verlässliche Information bekommen, mit der Sie rechnen können …«

Was den Zeitpunkt betrifft, sind im Preisgespräch die grundsätzlichen Erfolgstaktiken:

- den Preis nicht von vornherein und von sich aus zu nennen,
- ihn so weit wie möglich nach hinten zu stellen und
- wenn der Kunde zu »früh« fragt, diesen zu vertrösten, zu versuchen, den Zeitpunkt hinauszuzögern – und zu hoffen, dass er sich darauf einlässt.

Das hat den ganz einfachen Hintergrund, dass der Kunde *unbedingt* erst den Nutzen des Produkts oder der Leistung kennengelernt haben muss – er muss schon fast überzeugt sein –, bevor TopSeller mit dem Preis rausrücken. Warum? Stellen Sie sich ganz »old school« eine Waage mit zwei Waagschalen vor. In der einen liegt der Preis, der den »Wert« des Verkaufsgutes symbolisiert. Und in der anderen Schale liegt aller Nutzen des Produkts, liegen alle Features, kurz gesagt, alle Werte, die für den Kunden zählen. Solange diese Schale schwerer wiegt als der aufgerufene Preis, ist der Weg frei für den Abschluss. Erfährt der Kunde dagegen den Preis, bevor er den Gesamtwert des Nutzens für sich verinnerlicht hat, sinkt die Preisschale so stark nach unten und bekommt so viel »psychisches

Gewicht«, dass auch ein TopSeller es sehr, sehr schwer hat, das Ruder noch herumzureißen und die andere Waagschale mit den Werten so stark aufzufüllen, dass das Verhältnis sich noch herumdrehen lässt.

Wann immer wir ein Verkaufsgespräch führen, stellt sich ein Kunde, ein Interessent oder ein Gesprächspartner unbewusst stets diese Frage: »*What´s in it for me?*« (= Was habe ich davon?) An dieser Frage orientieren sich Amerikas TopSeller in allen Gesprächen. Wann immer ein Kunde Geld ausgibt oder Zeit investiert, möchte er dafür einen echten geldwerten Vorteil und Nutzen. Somit stellt er sich unbewusst die Frage nach dem Nutzen eines Angebots:

1. Welche Vorteile habe ich von dem Produkt?

2. Welche Vorteile habe ich, wenn ich dieses Produkt bei Ihnen (dem Verkäufer als Anbieter) kaufe?

3. Welchen Vorteil habe ich, wenn ich dieses Produkt bei Ihnen kaufe und einen höheren Preis bezahle?

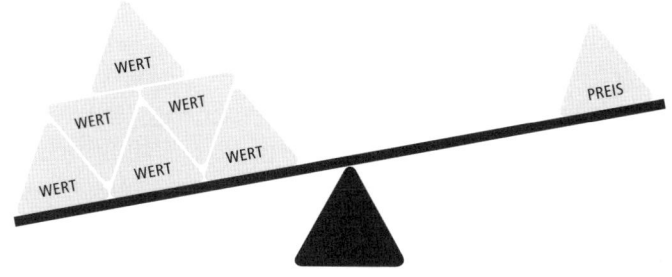

Die Waage von Preis und Wert

Die Antworten auf diese Fragen landen direkt in der Werte-Waagschale – und die sollte prall gefüllt sein, bevor Sie das Gewicht des Preises in die andere Waagschale werfen. Der Preis symbolisiert zwar »nur« einen Wert, und in der anderen Schale liegen vielleicht viele Werte. Trotzdem wiegt der Preis doppelt und dreifach schwerer, wenn er die Preiswaagschale nach unten sinken lässt, bevor das »Gegengewicht« des Nutzens im Kopf des Kunden verankert ist.

Doch wie funktioniert das in der Praxis? Im Einzelhandel mit seiner Preisauszeichnungspflicht etwa haben Sie als Verkäufer gar nicht die Wahl, wann der Preis ins Spiel kommt. Sobald der Kunde aufs Etikett schaut, ist er im Bilde.

In der Finanzdienstleistung und anderen Branchen mit erklärungsbedürftigen Dienstleistungen haben Sie es einfacher, weil kein Preisschild am Produkt klebt und viele Produkte sehr individuell zugeschnitten werden können, womit in gewissen Grenzen eine individuelle Preisgestaltung möglich wird. Da können TopSeller also die Waagschalen sehr schön und taktisch klug austarieren.

Die zweite Grundregel zum Thema Preisgespräch betrifft den Preis selbst und die Art und Weise, *wie* Sie ihn dem Kunden »beibringen« oder nennen. Packen Sie den Preis hübsch ein, wenn Sie ihn denn schon sagen müssen. Die nackte Zahl ist bekanntermaßen sehr, sehr unsexy. Für diese Taktik gibt es ein paar schöne Fachtermini aus dem Sales-Chinesisch – sie ist unter »Preis-Sandwich« oder auch »Sales-Burger« wohlbekannt, und das zu Recht. TopSeller verpacken den Preis in Vorteile und verbinden ihn mit dem Nutzen, den der Kunde bekommt.

Ein drittes und wichtiges Thema im Preisgespräch sind Nachlässe: Feilschen ist in, inzwischen auch in Branchen, in denen es früher ein No-Go war. TopSeller tun also gut daran, auf die Frage des Kunden nach einem Nachlass vorbereitet zu sein. Hier gibt es eine der Todsünden, die Sie unbedingt vermeiden sollten: Ein zu hoher oder gar unmotivierter Nachlass ist für den Kunden *immer* ein direktes Signal dafür, dass Sie vorher zu teuer waren. Ein Skonto für schnelle Bezahlung oder Barzahlung im normalen Rahmen ist okay, ein Mengenrabatt ist prima, ein Naturalrabatt möglich. Als Grundregel für TopSeller gilt: Am besten niemals einseitig beim Preis heruntergehen – ein Gesichtsverlust ist programmiert und der Kunde fühlt sich verschaukelt. Ein substanzieller Nachlass kann eine Option sein, wenn der Kunde ebenfalls ein Zugeständnis macht und seinerseits eine »Gegenleistung« erbringt. Das kann etwa eine längere Vertragsbindungsfrist sein oder die Zusage, als Referenzkunde zur Verfügung zu stehen, oder Ähnliches.

THINK BY FINK

KJF **KLAUS-J. FINK** TOPSELLING

Nutzen ist etwas sehr Persönliches, und Werte sind so individuell wie die Menschen, die sie haben.

4.7 KIAMBA – die Erfolgsformel für TopSeller

»Die Leute scheitern gewöhnlich kurz vor dem Erfolg.
Widme also dem Ende so viel Sorge wie dem Anfang,
dann gibt es kein Scheitern.«
LAOTSE

TopSeller hören gut zu und stellen offene Fragen, wie Sie es in Kapitel 4.4 schon gelesen haben. Nur so erfahren sie von ihren Kunden wichtige Informationen. Informationen, die der »normale« Verkäufer nicht erhält, weil er mehr redet als der Kunde. Wir werden darum im Folgenden sehen, dass es immer wichtig ist, eine Systematik im Verkauf zu haben – und dass es nicht nur darum geht, wie gut der Verkäufer sich und sein Produkt präsentiert.

Die Erfolgsformel KIAMBA haben mein Kollege P. A. Müller und ich gemeinsam in einer Unternehmerrunde vor einigen Jahren entwickelt, weil wir glauben, dass die altbekannte AIDA-Formel mit nur vier Phasen zu kurz greift und für den Praktiker an der heutigen Verkaufsfront einfach zu »dünn« ist.

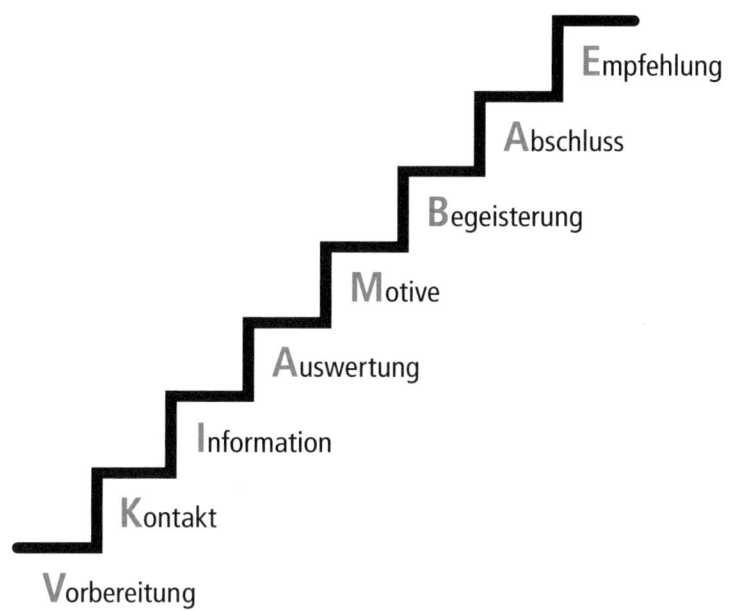

Die KIAMBA-Treppe

KIAMBA besticht durch logisch und natürlich aufeinander auf-
bauende Gesprächs- und Aktionsphasen und lässt sich zur
Erweiterung noch hervorragend ergänzen durch ein »V« (für
Vorbereitung) im Vorfeld des Verkaufsgesprächs und durch ein
»E« (für Empfehlung) im Anschluss, wenn Sie einen zufriedenen Kunden mehr haben, der Ihre Leistung weiterempfehlen
möchte.

Um nun alle Informationen aus den vorherigen Kapiteln in
Teil vier zusammenzuführen, bietet es sich an, hier detailliert
die Phasen von **KIAMBA** aufzurollen:

Wie bereits erwähnt, ist es für TopSeller selbstverständlich, sich
vor dem eigentlichen Termin oder Gespräch über den (poten-

ziellen) Kunden zu informieren; deswegen liegt die Phase der
»Vorbereitung« (V) vor der eigentlichen »Kontaktphase« (K).

(V)orbereitung

TopSeller gehen immer vorbereitet zum Kunden – das gilt
ganz besonders für den B2B-Bereich. Eine ordentliche Re-
cherche über den Gesprächspartner ist Pflicht: Wo fahre ich
da überhaupt hin, was ist das für eine Firma, für ein Unternehmen? Internet, Wikipedia, Hoppenstedt (oder neuerdings
Bisnode) – Sie haben viele Möglichkeiten. Falls Ihr zukünfti-
ger Geschäftspartner eine GmbH ist, lohnt sich auch ein Blick
in die Geschäftsberichte. Wichtig ist, dass Sie im Gespräch zeigen können: Ich habe mich mit dir beschäftigt – du bist kein
»Schwellentermin« für mich (ich trete einfach unvorbereitet
über die Schwelle und schaue mal, was passiert …).

(K)ontakt oder (K)lima

Um ein Verkaufsgespräch führen zu können, braucht es natürlich den Kontakt, der auf sehr unterschiedliche Art entstehen
kann. Ein Interessent kommt über eine Anzeigenwerbung zu
Ihnen oder über eine E-Mail, oder Sie haben den ersten Kontakt mit ihm auf einer Messe geschlossen. Wie auch immer
dieser erste Kontakt zustande kommt, wichtig ist, dass Sie ein
freundliches Klima schaffen, sanft ins Gespräch einsteigen und
nicht mit der Tür ins Haus fallen. Allerdings bitte komplett ohne
»Schleimspur« – hier sind Empathie und Fingerspitzengefühl
gefragt. Mit Lobhudelei kann niemand punkten – TopSeller
wissen, dass das nach hinten losgeht. Wichtig ist weiterhin,
dass Sie einen Bogen um sogenannte »Selbstmordthemen«
machen, die aufgrund unterschiedlicher Wertvorstellungen im
Gespräch leicht zu Stress führen können. Lassen Sie also beim

Smalltalk die Finger von Politik oder Wahlen, Krankheiten, Religion, Fußball oder anderen polarisierenden Themen.

An verschiedenen Stellen in diesem Buch wurde ausführlich beschrieben, welche »Haltung« TopSeller einnehmen, um aus diesem ersten *Kontakt* einen *Kontrakt* zu machen. Wir erinnern uns an die wichtigsten Faktoren wie Freundlichkeit, eine offene, interessierte Haltung, eine positive Ausstrahlung, einen aufrechten Gang und eine gute Rhetorik. Das alles zusammen schafft ein vertrauensvolles Klima. Und genau das ist wichtig, damit der Kunde viel von sich erzählt. Er muss sich öffnen, damit der TopSeller wichtige Informationen erhält. Informationen, die für seine Angebotspräsentation von größter Bedeutung sind.

(I)nformation

Denn die Aufgabe des Verkäufers besteht darin, einen Interessenten zum Kunden zu machen. Das allerdings nicht »um jeden Preis«, wie wir im Kapitel 4.6 gesehen haben. Um einen Interessenten in seinem Entscheidungsprozess begleiten zu können, braucht der TopSeller Informationen, und diese bekommt er nur, wenn er weniger redet und mehr zuhört. Darüber hinaus muss er die richtigen Fragen stellen, um das Gespräch schneller in die gewünschte Richtung zu lenken (siehe Kapitel 4.4 – Fragetechniken). Mit der richtigen Fragetechnik und dem »Lesen zwischen den Zeilen« findet der TopSeller schnell die Stelle, wo den Interessenten im sprichwörtlichen Sinne der Schuh drückt.

Deswegen haben wir es hier mit der wichtigsten Phase innerhalb von **KIAMBA** überhaupt zu tun. Fragen Sie, fragen Sie, fragen Sie! Hier entscheidet es sich: Gehe ich mit Fragen auf die Bedürfnisse meines Gegenübers ein oder kleistere ich den anderen mit einer »Sage-Technik« zu?

Schwierig ist es immer, wenn Sie mit der Grundhaltung ins Gespräch einsteigen, dass Sie dem Kunden etwas ganz Bestimmtes verkaufen möchten. Ein Beispiel: Wenn Sie etwa mit Immobilien handeln und drei bis fünf Objekte im Kopf haben, die Sie nun schon länger im Bestand haben und loswerden möchten, so ist das kein guter Ausgangspunkt. Die Gefahr ist groß, dass Sie mit der »Sage-Technik« einsteigen, zu wenig fragen, den Kunden überrumpeln und ohne Rücksicht auf Verluste (und die Wünsche des Kunden) beginnen, über die Vorteile der Objekte zu dozieren. Sie werden merken: Knapp daneben ist auch vorbei – der Kunde wird nicht anbeißen, sondern sich überfahren fühlen. Es lohnt sich, mindestens sieben bis zehn offene Fragen vorzuschieben, um überhaupt den Horizont abzustecken, vor dem der Kunde die Investition plant: ländlich-ruhig oder städtisch-umtriebig? Investitionsobjekt oder Eigenbedarf? Ganzes Haus oder Eigentumswohnung? Bevorzugte Orte oder Stadtteile? Bestimmte Präferenzen bei der Verkehrsanbindung? Und so weiter … Umso besser, wenn sich dann herausstellt, dass zwei Ihrer Objekte aus dem Bestand infrage kommen. Der Kunde wird so nie in Betracht ziehen, dass es sich um »Ladenhüter« handelt, sondern sich freuen, dass Sie die Objekte aufgrund seiner Bedürfnisse so sorgsam ausgewählt haben. Die einfache und wirksame Vorgehensweise dabei ist, alle Ihre Verkaufsargumente, die Sie im Kopf haben, in Fragen umzumünzen.

Noch ein Beispiel dazu: Stellen Sie sich vor, Sie sind Verkäufer in einem Reisebüro. Ihr Chef hat Sie morgens gebrieft – das Büro sitzt auf einem Kontingent Portugal, das »weg« muss. Sie sollen also den Kunden verstärkt Portugal anbieten. Was

Sie nun *nicht* tun sollten, ist, jeden Kunden, der hereinkommt, mit Portugal zu überfallen und alle, alle zahlreichen Vorteile dieses wunderbaren Reiselandes aufzuzählen, bis der Kunde ermattet zustimmt oder sogar entnervt den Laden wieder verlässt. Vielmehr machen Sie als TopSeller Ihre Hausaufgaben und führen sich alle Features der Destination noch einmal vor Augen: Sonne, Strand, Meer, Kultur, Clubs, Essen und Trinken, pittoreskes Handwerk … Wenn nun ein Kunde kommt und ein oder zwei Wochen Urlaub buchen will, haben Sie alle Informationen im Hinterkopf und fragen gezielt seine Erwartungshaltung ab. Und dann kommt Ihr Meisterstück: Weil Sie so gut vorbereitet sind, haben Sie für jeden seiner Wünsche an sein Reiseland einen »Deckel« – und der ist natürlich in Portugal zu finden. Fazit: Der Kunde fühlt sich ganz individuell bei seinen Wünschen abgeholt – und Sie werden Ihr Kontingent los.

Zu einem guten Gesprächseinstieg gehört grundsätzlich die Frage nach der **Erwartungshaltung**:

> *»Herr Kunde, Sie haben dem heutigen Termin zugestimmt – welche Erwartungen haben Sie an unser Gespräch?«*

Dann ist der **Zeitrahmen** wichtig:

> *»Herr Kunde, welcher Zeitrahmen steht uns für das jetzige Gespräch zur Verfügung?«*

Es ist äußerst wichtig, das im Vorfeld abzuklären, damit Ihr Spannungsbogen im Gespräch stimmt, Sie nicht nach hinten raus in Stress geraten – und das ganze Gespräch dann den Bach runtergeht.

Es gibt keinen größeren Fehler, als während der Informations-phase zu schludern und zu früh damit zu beginnen, zu prä-sentieren! Packen Sie die Fragen nett ein, begründen Sie sie freundlich:

> *»Herr Kunde, um Ihnen ein maßgeschneidertes Angebot erstellen zu können, ist es wichtig, im Vorfeld einige Informationen zu bekommen …«*

Wichtig ist auch, dass Sie erst einmal alle Informationen *sammeln* und nicht sofort auf alles anspringen – dann landen Sie schnell wieder in der Präsentationsfalle. Nicht vergessen: Der Kunde muss am besten *signifikant* mehr sprechen als Sie: Ein Verhältnis von 70 : 30 Prozent ist ein Traum, ein Verhältnis ab 50 : 50 Prozent ist in Ordnung. TopSeller wissen: Je mehr der Kunde spricht, desto höher wird die Abschlusswahrscheinlich-keit. Wenn die Informationsphase nicht sauber aufgebaut ist, ist das Verkaufsgespräch vertan.

Ein letztes Beispiel zu diesem zentralen Punkt: In Semina-ren entwickele ich für die Teilnehmer oft folgendes Szenario. Sie sind Verkäufer für Büromaterialien und besuchen einen Stammkunden. Die Herausforderung ist nun, dass sie als neu-es Produkt Büroklammern aus Plastik im Angebot haben, die sie natürlich an den Mann und die Frau bringen wollen und sollen. Diese gibt es in zehn verschiedenen Farben und sie sind 15 Prozent teurer als ihr Stammprodukt, die Büroklammern aus Stahl.

Wenn die Teilnehmer mit dieser Aufgabe konfrontiert werden, entwickeln sie jedes Mal aufs Neue eine einfach unglaubli-che Kreativität, um alle eventuellen Vorteile und Features des neuen Produkts zu erfassen und zu überdenken: Die neuen

Büroklammern sind leichter, die Farbauswahl ermöglicht allein durchs Benutzen schon neue Organisationsformen und Markierungen für Unterlagen, wenn die Klammern aus Versehen mit Unterlagen in den Reißwolf gesteckt werden, so wird dieser nicht beschädigt, das Plastik ist biokompatibel und ökologisch leicht abbaubar und so weiter und so weiter … der Fantasie sind keine Grenzen gesetzt.

Alle Fantasie nützt Ihnen nichts, wenn Sie zum Kunden kommen und sofort anfangen, zu präsentieren. Die Gefahr, dabei am anderen vorbeizureden, ist enorm. Übersetzen Sie vielmehr die Features in Kundennutzen und *fragen* Sie:

> *»Herr Kunde, Sie kaufen ja Stahlklammern, was fällt Ihnen im Handling immer wieder auf? Was könnte es für Sie für Vorteile haben, wenn Büroklammern farbig wären? Wie oft haben Sie vielleicht schon eine Rechnung bekommen, weil Stahlklammern Ihren Reißwolf beschädigt haben? Hand aufs Herz: Wie wichtig ist Ihnen das Thema Ökologie – ist es ein Eckpfeiler Ihres Business oder fällt es eher unter Lippenbekenntnisse?«*

Nur so können Sie ein oder *das* Motiv finden, das den Kunden zum Umsteigen auf Plastikklammern bewegen könnte – und wenn es ein Motiv gibt, dann wird auch der höhere Preis keine Rolle mehr spielen. Gibt es keins, müssen Sie auch nicht wild präsentieren und bieten das Produkt bei diesem Kunden eben besser nicht an.

(A)uswertung

TopSeller machen sich durch zielorientiertes Fragen also ein erstes Bild und erstellen ein »Profil« des Kunden, nach dem sie ihr Angebot ausrichten können. Sie finden so die Motive des

Interessenten heraus, die sie dann in der Begeisterungsphase (B) bedienen. Dies alles passiert in ihrem Kopf – Stück für Stück und schon während der Informationsphase.

(M)otive

»Wenn ein Mann etwas ganz Blödsinniges tut, so tut er es immer aus den edelsten Motiven«, schrieb der irische Schriftsteller Oscar Wilde. Tatsächlich handelt kein Mensch ohne Grund. Sondern er handelt, weil er ein Motiv hat. Es ist also das erklärte Ziel des TopSellers, die Motivstruktur des Kunden zu ergründen. Was bewegt den Kunden? Was könnte ein Abschlussmotiv sein? Was ist dem Kunden wichtig?

So kaufen Frauen keine modischen Accessoires, sondern Schönheit. Ihr Motiv ist: schöner auszusehen, um sich vom Durchschnitt abzuheben. Männer kaufen kein Auto, sondern ein Lebensgefühl. Teenies kaufen keine Marken-Kleidung, sondern die Sehnsucht nach Anerkennung. Wer ein erfolgreiches Verkaufsgespräch führen will, erfragt die Motive des Kunden und begeistert anschließend zielgerichtet. Diese Technik beherrschen TopSeller aus dem Effeff.

Ist für den Kunden zum Beispiel Sicherheit das Wichtigste, dann erwähnen TopSeller Referenzen zufriedener Kunden, sie geben eine zusätzliche Garantie auf ihr Produkt oder sie verweisen auf die besonderen Sicherheitsstandards, denen sich ihr Unternehmen verschrieben hat.

Steht einem TopSeller ein sparsamer Kunde gegenüber, erstellt er eine Kosten-Nutzen-Analyse und stellt Einsparungspotenziale vor. Darüber hinaus hebt er günstige Preise und gute Konditionen besonders hervor.

Mit einem Kunden, der großen Wert auf Äußerlichkeiten legt, spricht der TopSeller über die neueste Mode, die neueste Entwicklung, das neueste Konzept. Dabei werden Unterschiede im Design genauso besprochen wie das Ergebnis. Je nach Branche werden überzeugende Beispiele aus der »modischen« Welt präsentiert. Hochglanzmagazine gehören hier zur Grundausstattung des TopSellers.

Die wichtigsten fünf Grundmotive sind: Sicherheit, Faulheit, Status, Gewinnstreben sowie Neugier oder Spieltrieb. Dazu könnten Sie noch diverse Untermotive identifizieren – wenn Sie das möchten. Denn auch hier gilt wieder, dass TopSeller am besten mit Wissen fahren, das leicht anzuwenden ist und für die Praxis taugt – Ballast im Kopf ist für den Verkaufserfolg nur hinderlich.

(B)egeisterung

Wie wichtig die Begeisterung für den Verkäufer ist, können Sie an vielen Stellen des Buches nachlesen. Hier geht es innerhalb von **KIAMBA** im Gegensatz dazu um die Kundenbegeisterung. Der TopSeller kann anhand der gewonnenen Informationen »fokussiert« begeistern und gezielt auf die Bedürfnisse des einzelnen Kunden eingehen. Wie er diese Informationen gewinnt, konnten Sie schon im Kapitel »Fragetechnik« nachlesen. Und zu welchem Ziel er sie letztendlich einsetzt – nämlich dazu, den Kunden restlos zu begeistern, ihm den Nutzen und den Wert des Produkts oder der Dienstleistung so nahezubringen, dass er nicht mehr anders kann, als zu kaufen – das haben Sie im Kapitel »Preisgespräch« (siehe Kapitel 4.6) gelesen. Noch einmal das Wichtigste beim Preisgespräch: TopSeller nennen den Preis nicht, bevor der Kunde nicht die Werte des Produkts verinnerlicht hat und ehrlich begeistert ist.

(A)bschluss

Wenn sich Verkäufer und Käufer einig sind, kommt es zur Vertragsunterschrift und damit zum erfolgreichen Geschäftsabschluss. Dabei lohnt es sich für TopSeller, immer im Hinterkopf zu behalten, dass komplizierte Abschlusstechniken überbewertet werden. Mit Druck im Abschluss muss ein Verkäufer lediglich das wiedergutmachen, was vorher im Gespräch schiefgelaufen ist. Wichtig ist, dass Sie den Kunden am Ende wählen und ihn eine eigene Entscheidung treffen lassen: In jedes gute Angebot gehört also eine Alternative – dann kauft der Kunde etwas, wohingegen Sie sonst *ihm* etwas verkaufen müssen.

(E)mpfehlung

Diesem Königsweg der Neukundengewinnung haben wir im dritten Teil schon ein ganzes Kapitel (3.3) gewidmet. Das hat Ihnen gezeigt, dass wirklich begeisterte Kunden auch mit Blick auf das Neukundengeschäft Ihr wertvollstes Kapital sind. Wenn Sie den Kunden mit **KIAMBA** erfolgreich durch den Verkaufsprozess geführt haben, ist die Wahrscheinlichkeit groß, dass Sie ihn in den »Pool« Ihrer potenziellen Empfehlungsgeber übernehmen können.

THINK BY FINK

 **KLAUS-J. FINK** TOPSELLING

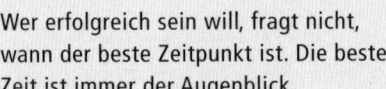

Wer erfolgreich sein will, fragt nicht, wann der beste Zeitpunkt ist. Die beste Zeit ist immer der Augenblick.

Epilog

»Wenn der Wind des Wandels weht, bauen die einen Schutz-
mauern, die anderen bauen Windmühlen.«
CHINESISCHES SPRICHWORT

In einem chinesischen Dorf lebte ein von der Gemeinschaft geachteter Bauer, der nicht vermögend war, aber mehr besaß als manch ein anderer im Dorf. Er besaß ein Pferd, mit dem er pflügte und Lasten beförderte. Eines Tages rannte sein Pferd davon. Seine Nachbarn riefen, wie schrecklich das sei, aber der Bauer meinte nur: »Wer weiß, wozu das gut ist.« Ein paar Tage später kehrte das Pferd zurück und brachte zwei Wildpferde mit. Nun freuten sich die Nachbarn über sein Glück, doch der Bauer sagte nur: »Wer weiß, wozu das gut ist.« Am nächsten Tag versuchte der Sohn des Bauern, eines der Wildpferde zu reiten, doch er hatte wenig Glück. Das Pferd warf ihn ab und er brach sich sein Bein. Die Nachbarn übermittelten ihm ihr Mitgefühl für dieses Unglück, aber der Bauer sagte wieder: »Wer weiß, wozu das gut ist.« In der nächsten Woche kamen Rekrutierungsoffiziere ins Dorf, um die jungen Männer zur Armee zu holen. Den Sohn des Bauern wollten sie nicht, weil sein Bein gebrochen war. Als die Nachbarn ihm sagten, was für ein Glück er habe, antwortete der Bauer: »Wer weiß, wozu das gut ist.«

Diese Anekdote fiel mir als Schlusswort zu diesem Buch ein, weil ich mir wünsche, dass Sie sich nach der Lektüre nicht sagen werden: »Wer weiß, wozu es gut war, dieses Buch zu lesen.« Vielmehr wünsche ich mir, dass Sie die vier Erfolgsfaktoren so verinnerlichen, dass Sie nur so darauf brennen, das Gelesene sofort anzuwenden. Sagen ist bekanntlich nicht tun. Daher gilt: Nicht warten – starten und das Erlernte sofort umsetzen.

Auch wenn dieses Buch rund 200 Seiten hat, so sind die Ausführungen bewusst kurz gehalten. Das Thema »Verkaufen« ist so unendlich umfangreich und interessant, dass mir die Ideen nicht ausgehen. So werden weitere Bücher folgen.

Gern erhalten Sie eine Literaturliste anderer von mir sehr geschätzter Autoren. Eine Mail genügt, und Sie bekommen die Aufstellung kostenlos.

Für Ihre verkäuferische Zukunft wünsche ich Ihnen alles Gute.

Herzliche Grüße aus dem Siebengebirge

Ihr Klaus J. Fink

Quellenverzeichnis

1 http://www.ensego.de/blog/verkaeufer-geboren-oder-verkaufen-lernen/

2 Befragung der britischen Online-Marktforschungs-Firma onePoll unter 2000 Frauen.: http://www.bild.de/ratgeber/2010/frauen-gehen-fast-drei-jahres-ihres-lebens-einkaufen-12172402.bild.html

3 http://www.focus.de/panorama/welt/best-of-playboy/menschen-und-storys/tid-20104/joe-girard-so-wurde-ich-zum-besten-verkaeufer-der-welt_aid_560394.html

4 Peters, Tom, 2002. Der Innovationskreis. Düsseldorf / Berlin. Econ-Verlag

5 Handwerker-Magazin; Gründer 2010; S. 13

6 http://www.spiegel.de/wirtschaft/unternehmen/patente-32-000-anmeldungen-kamen-2014-aus-deutschland-a-1020641.html

7 http://de.statista.com/statistik/daten/studie/187/umfrage/anteile-der-bundeslaender-an-patentanmeldungen/

8 http://www.kleinezeitung.at/s/steiermark/graz/4213267/Grazer-Studie_Freundlichkeit-im-Handel-ist-nicht-alles

9 www.cash-online.de/berater/2010/studie-beratung-statt-verkauf-sonst-nehmen-kunden-reissaus/35788

10 www.cash-online.de (11.09.2009)

11 http://www.welt.de/welt_print/finanzen/article7172530/Deutsche-betteln-um-bessere-Geldberater.html

12 Wirtschaftswoche 28.07.2010

13 Versicherungsmagazin 9 / 2010

14 http://www.fondsprofessionell.de/redsys/searchText.php?offset=&beginDate=2010-05&endDate=2010-08&sort= dDo&kat=&sws= Wilenius,&sid=159405

15 http://www.cash-online.de/versicherungen/2010/beratung-kunden-wollen-positiv-ueberrascht-werden/35616

16 http://www.versicherungsjournal.at/markt-und-politik/was-die-kunden-wollen-6554.php

17 http://www.versicherungsjournal.at/vertrieb-und-marketing/erfolgsfaktor-kundenkontakt-6250.php

18 Mehrabian, Albert; Wiener, Morton (1967). Decoding of Inconsistent Communications. Journal of Personality and Social Psychology 6 (1): 109–114; sowie: Mehrabian, Albert; Ferris, Susan R. (1967). Inference of Attitudes from Nonverbal Communication in Two Channels. Journal of Consulting Psychology 31 (3): 248–252

19 Campus Verlag GmbH; ISBN-10: 3593388383

20 Bunte 24/2009: Jeder kann ein Genie werden (S. 77)

21 GeoWissen; Gesundheit 2007; Eine Sache des Köpfchens; S. 42

22 www.motorsport-total.com, Zugriff: am 09.12.2010

23 http://www.wissenschaft.de/archiv/-/journal_content/56/12054/1656793/Die-Psychotricks-der-Sieger/, Zugriff am 28.05.2015

24 http://www.spirituelle-medizin.de/ganzh-therapie.html, Zugriff am 28.5.2015

25 Rosenthal, Robert; Fode, K.L., »The Effect of Experimenter Bias on the Performance of the Albino Rat«, in: Behavioral Science 8 (1963), S. 183–189

26 http://www.sueddeutsche.de/wissen/gefuehle-der-geruch-der-angst-1.384584, Zugriff am 28.05.2015

27 http://www.bild.de/ratgeber/job-karriere/hautfarbene-waesche-socken-ohne-muster-gedeckte-farben-15090816.bild.html, Zugriff am 28.05.2015

28 http://www.365motivation.de/motivationstexte/5631, Zugriff am 28.05.2015

29 Focus-Magazin 15/2008, Porträt: Prinzip Wirbelwind

30 Dyson, James, 2004. Sturm gegen den Stillstand. Hamburg

31 https://www.youtube.com/watch?v=BwWcireKnYw, Zugriff am 28.05.2015

32 FAZ; 11.03.2006, Nr. 60/S. 55

33 managerSeminare; Nr. 154; 1/2011; S. 19; Studie der Personal-beratung Rundstedt HR Partners

34 managerSeminare; Nr. 154; 1/2011; S. 12: »Der Beschäftigte wird zum Bürger«

35 NWZ; 24.12.2010; Emotionale Intelligenz ist gut für Karriere.

36 http://www.stern.de/lifestyle/leute/reichtum-harry-potter-autorin-reicher-als-die-queen-507164.html

37 http://www.focus.de/sport/fussball/int_ligen/spanien/vor-dem-duell-mit-atletico-lionel-messi-moechte-meine-karriere-bei-barcelona-beenden-1_id_3531177.html, Zugriff am 28.05.2015

38 http://bsw-total.de/wp-content/uploads/2015/03/Gallup-Studie.pdf

39 http://www.fondsprofessionell.de/redsys/newsText.php?sid=369561&nlc=DE

40 Hier zitiert nach: Görtz, Christian, 2010. Mehr Umsatz durch Marketing-Kooperationen. Offenbach. S. 63

41 http://karrierebibel.de/lange-finger-%E2%80%93-vermehrter-diebstahl-von-mitarbeitern/, Zugriff am 28.05.2015

42 http://www.alexander-hennig.com/publikationen/zur-kasse-schnaeppchen/, Zugriff am 29.05.2015

43 http://www.fondsprofessionell.de/redsys/searchText.php?offset=&beginDate=2010-05&endDate=2010-&sort=dDo&kat=&sws=Wilenius,&sid=159405

44 http://www.haufe.de/marketing-vertrieb/vertrieb/e-commerce-online-stammkunden-sind-lukrativ_130_137756.html, Zugriff am 29.05.2015

45 Reichheld, Fred / Seidensticker, Franz-Josef, 2006. Die ultimative Frage. München. S. 92 ff.

46 www.spiegel.de; Über 6,6 Ecken von Holger Dambeck; Zugriff am 01.09.2009

47 Spektrum der Wissenschaft; Gehirn & Geist; Nr. 1 – 2/2009; Elixier der Nähe; S. 58 ff.

48 http://www.aphorismen.de/suche?f_thema=Versicherung&f_autor=4254_Kurt+Tucholsky; Zugriff am 07.06.2015

49 http://www.zitate-aphorismen.de/zitate/autor/Krishnamurti/108/290; Zugriff am 07.06.2015

Stichwortverzeichnis

Über den Autor

Klaus-J. Fink absolvierte ein Jurastudium. Er ist Speaker, Erfolgstrainer, Coach und Buchautor sowie Video- und Audiotrainer mit den Schwerpunkten Neukundengewinnung, Empfehlungsmarketing und Vertriebsaufbau.

Klaus-J. Fink ist Dozent an der European Business School (EBS-Universität in Wiesbaden) im Rahmen der Ausbildung »Certified Financial Planner« (CFP), Gastredner an der Europäischen Fachhochschule in Brühl sowie Lehrbeauftragter an der Steinbeis Hochschule Berlin.

Dem renommierten Keynote-Speaker wurde zweimal der Conga Award der TOP 10 Deutschland verliehen; er erhielt zweimal die Auszeichnung als »Trainer des Jahres«. Er ist Expert Member of »Club 55«, Gemeinschaft europäischer Marketing- und Verkaufsexperten. 2012 wurde er in die »Hall of Fame« der German Speakers Association aufgenommen.

Klaus-J. Fink versteht es durch seine eloquente Art, große Auditorien mitzureißen.

Kontaktadresse:

Klaus-J. Fink
Im Musfeld 7
53604 Bad Honnef

Telefon: + 49 22 24 / 89 431
Fax: + 49 22 24 / 89 520

Internet: www.klaus-fink.de
E-Mail: info@klaus-fink.de

Bücher von Klaus-J. Fink

Bei Anruf Termin
Telefonisch neue Kunden
akquirieren
3., akt. Aufl. 2005. 131 S. Br.
ISBN: 978-3-409-31476-3

Empfehlungsmarketing
Königsweg der Neukunden-
gewinnung
4., erw. Aufl. 2008. 167 S. Br.
ISBN: 978-3-8349-1144-5

Vertriebspartner gewinnen
Professioneller Vertriebsaufbau
per Telefon
2., erw. Aufl. 2006. 143 S. Br.
ISBN: 978-3-8349-0006-7

**888 Weisheiten und Zitate
für Finanzprofis**
Die passenden Worte für jede
Situation im Beratungsgespräch
1. Aufl. 2007. 163 S.
ISBN: 978-3834906922

Der Löwe
Die Erfolgsrezepte des Star-
verkäufers Klaus-J. Fink
1. Aufl. 2004. 207 S.
ISBN: 978-3478399487

Hörbücher von Klaus-J. Fink

Klaus-J. Fink auf DVD